Photon物联网编程从零开始

[美] 克里斯多佛•拉什(Christopher Rush) 著

郭俊凤 译

清华大学出版社

北 京

Christopher Rush
Programming the Photon：Getting Started with the Internet of Things
EISBN：978-0-07-184706-3

北京市版权局著作权合同登记号　图字：01-2018-0333

图书在版编目(CIP)数据

Photon物联网编程从零开始 / (美)克里斯多佛 • 拉什(Christopher Rush) 著；郭俊凤 译. —北京：清华大学出版社，2018
书名原文：Programming the Photon: Getting Started with the Internet of Things
ISBN 978-7-302-49783-7

Ⅰ. ①P…　Ⅱ. ①克…　②郭…　Ⅲ. ① 互联网络－应用－程序设计　② 智能技术－应用－程序设计　Ⅳ. ① TP393.409② TP18

中国版本图书馆 CIP 数据核字(2018)第 037092 号

责任编辑：王　军　韩宏志
装帧设计：牛静敏
责任校对：曹　阳
责任印制：李红英

出版发行：清华大学出版社
网　　址：http://www.tup.com.cn，http://www.wqbook.com
地　　址：北京清华大学学研大厦 A 座　　**邮　　编**：100084
社 总 机：010-62770175　　**邮　　购**：010-62786544
投稿与读者服务：010-62776969，c-service@tup.tsinghua.edu.cn
质 量 反 馈：010-62772015，zhiliang@tup.tsinghua.edu.cn
印 装 者：北京嘉实印刷有限公司
经　　销：全国新华书店
开　　本：148mm×210mm　　**印　　张**：5.875　　**字　　数**：164 千字
版　　次：2018 年 7 月第 1 版　　**印　　次**：2018 年 7 月第 1 次印刷
定　　价：49.80 元

产品编号：078174-01

译　者　序

Particle(www.particle.io)公司提供全球最完善的开源物联网软硬件开发平台，自 2013 年该公司推出第一款基于 TI CC3000 的 STM CORTEX M3 开源开发板以来，Particle 以其超强的软件支持帮助开发者将产品接入网络，提供 Arduino 的 IDE、配套控制 App、网页端编译软件、应用开发 SDK、JS 开发库等支持。其云服务能让应用于量产的 Particle 硬件随时随地接入云端、集中维护，并能实现在线更新固件、网络访问、数据安全等功能。

Particle 推出的 Photon 是一款功能强大、开发资源极其丰富、上手开发非常容易的 Wi-Fi 物联网开发模块。它基于 ST 公司的 Cortex M3 内核微处理器以及 BroadCom 公司的 Wi-Fi 芯片，可通过 USB 进行供电及代码调试、下载。Photon 尺寸很小，却具有强大的处理性能，拥有完整的生态系统和良好的兼容性，在复杂应用中的表现更出色。

Particle 公司同时提供基于浏览器的集成化开发环境(Web IDE)，拥有非常丰富的库和支持各种应用的参考例程，方便全球的开发人员进行代码分享，非常适合嵌入式工程师、网页开发工程师、Arduino 爱好者以及 IoT 产品企业便捷地编写自己的固件，创建自己的专属网站和手机 App。

对初学者而言，学习 Photon 完全不需要了解其内部硬件结构和寄存器设置，仅知道它的端口作用即可；可以不懂硬件知识，只要会简单的 C 语言，就可用 Photon 编写程序，只要设备加了电，固件就会运行。

本书共分 9 章。第 1 章简要介绍微控制器、Arduino 和物联网(IoT)

等。第 2 章讨论将 Photon 开发板连接到 Particle 云并开始编程的多种方式，并简要介绍 Particle Web IDE。第 3 章讲述用于给 Photon 编程的 C 语言的基本编程术语。第 4 章讨论如何控制发光二极管(LED)、继电器和蜂鸣器等输出设备。第 5 章给一些输入设备编程，例如开关、温度感应器等。第 6 章探讨如何使用 Particle 函数通过 Internet 进行控制，如何获得温度设备的读数并显示在 Web 上。第 7 章介绍 Particle 防护板和可用的扩充板，说明它们如何使项目更容易完成，而不必设计和测试电路，包括继电器防护板、稳压防护板、JTAG、Arduino 防护板、Internet 按钮等。第 8 章介绍如何使用 IFTTT Web 服务控制 Photon 开发板上的电路，以及如何使用 Photon 开发板控制某些 Web 服务，例如 Twitter。第 9 章能让读者很好地根据 RGB LED 的闪烁和颜色理解 Photon 发生了什么，进而掌握排除设备故障技术。

本书适合电子爱好者、机器人爱好者和 Photon 初学者阅读，也可用作院校电子科技实践活动的参考书。

这里要感谢清华大学出版社的李阳和韩宏志编辑，这几位编辑为本书的翻译投入了巨大热情，付出了很多心血。没有你们的帮助和鼓励，本书不可能顺利付梓。本书主要章节由郭俊凤翻译，参与翻译的还有陈妍、何美英、陈宏波、熊晓磊、管兆昶、潘洪荣、曹汉鸣、高娟妮、王燕，在此一并表示感谢。

对于这本经典之作，译者本着“诚惶诚恐”的态度，在翻译过程中力求“信、达、雅”，但鉴于译者水平有限，错误和失误在所难免，如有任何意见和建议，请不吝指正。

译　者

作 者 简 介

Christopher Rush 拥有计算机科学学位，最近 10 年一直在一家电子公司的单板计算部门担任产品经理。Christopher 还维护着一个 MakerSpace 博客(www.rushmakes.com)，为流行的开发板和附件提供评论、教程和用户指南，包括 Raspberry Pi、Arduino、BeagleBone 等。Christopher 是 *30 BeagleBone Black Projects for the Evil Genius* 一书的作者。

致　　谢

我要感谢 Mike McCabe 和 McGraw-Hill Education 团队的大力支持，与你们再次合作非常愉快。

我还要将本书献给我的伙伴 Jennifer Wozniak，像往常一样，她不断地鼓励、激励我，没有她在我身边，我会迷失方向的。

前　　言

本书全面介绍如何为 Particle Photon 开发板编程。Particle Photon 是一个真正的物联网设备，它允许编写代码，使用云创建电子项目。它完全可用作项目的大脑，还可使用 Internet 远程控制和收集数据，来扩展功能。

幸好，Photon 平台采用了 Arduino 样式的编程语言，同时具备自己的编程功能。这样就可以使用 Arduino 领域的海量资源，包括现有的项目和示例。

为什么使用Photon？Photon开发板由Particle团队开发，在2014年11月面市，价格仅19美元。它是独一无二的，使用Particle云提供了独特的硬件和软件体验，可通过Web IDE编程。Photon开发板取代了Particle Core，后者通过Kickstarter活动筹措了50多万美元，配备了Broadcom BCM43362 Wi-Fi芯片，而不是TI CC3000。

本书旨在使读者能开始使用 Particle Photon 创建自己的硬件项目，读者不需要具有连接电路或编程方面的经验，但最好了解一般性计算机技术。本书会给读者提供各种体验，并简单介绍 Photon 开发板的许多功能。本书只介绍开发板编程的基础知识，读者可在未来的项目中扩展这些知识。

希望能看到读者对本书的看法，请通过 www.rushmakes.com 或 Twitter(https://twitter.com/chrisrush85)与作者联系。

目　录

第 1 章

Photon 简介

本章将学习微控制器，如 Arduino 和物联网(Internet of Things，IoT)等的相关知识。Photon 板是一种新的开发板，基于它的前身 Core，并具有新的硬件和软件特性，性能更卓越。我们将讨论所有这些特性，并比较两种开发板。

1.1 微控制器

微控制器(microcontroller)基本上是一个计算机，可使用某种形式的编程语言控制多个输入和输出。微控制器有各种不同的形状和尺寸，最流行的平台是 Arduino。Arduino 板为创建小型电子项目提供了低成本、易使用的技术，现代常见的微控制器可使用通用串行总线(Universal Serial Bus，USB)连接到计算机上，给开发板供电，并给微控制器编程；一旦上传了程序，并使用某种移动电池设备供电，微控制器还可以去掉 USB，独立工作。

其他常见的微控制器有 Raspberry Pi 和 BeagleBone 板。这两种开发板比标准的 Arduino 板更高级，都连接到可视化显示器上进行可视化输出，并带有基本的操作系统，如 Debian。这些开发板的特点是有许多硬件功能，提供了更多存储空间、输入/输出引脚、更快的处理速度，还具有音频/视频输出，可将电子项目提升到更高水平。所有这些选项都很不错，但需要把项目连接到 Web 时，几乎肯定需要额外的硬件，例如防护板(shield)或 USB 加密狗(dongle)，这会显著增加项目成本——有时超过了微控制器板的成本。一些开发板还包括内置的 Wi-Fi 或蓝牙技术，例如 Arduino Yun，但这个开发板仍比较贵，超过 70 美元；一旦加上电子硬件和各种其他成本，项目很容易超过 100 美元。

1.2 什么是 Photon

Particle Photon 是一个微控制器开发板，类似于 Arduino Nano，但它是小型化的，而且添加了一些功能，如内置了 Wi-Fi 模块，所以可使用粒子云(Particle cloud)通过 Internet 进行控制和编程。一旦连接到本地 Wi-Fi 网络上，也可以使用 iOS 或 Android 操作系统中的 Particle 应用，通过智能手机控制 Photon 板并编程。Photon 开发板的各边有多个引脚(pin)，用作微控制器的输入输出。这些通用引脚可连接到传感器(sensor)或按钮上，来监听外界；或连接到发光器(light)或蜂鸣器(buzzer)上，进行表演。还有一些引脚可给 Photon 板、电机(motor)或设备的输出供电。另外，Photon 板还带有一些内置的硬件功能，例如按钮和发光二极管(LED)，大大简化了 Photon 板的配置：

- SETUP 按钮在左侧，RESET 按钮在右侧，可使用它们设置设备的模式。
- RGB LED 位于 Photon 开发板模块上方的中心处。RGB LED 的颜色指定了 Photon 开发板当前的模式。
- 在 Photon 板上，D7 LED 位于数字引脚 7 的旁边。当引脚 7 设置为 HIGH 时，这个数字引脚会打开 LED。

1.3 Particle Photon 和 Spark Core

Photon 板是 Core 的继任者，两者都由 Particle 开发。把这两个开发板放在一起比较，会发现它们的外观十分相似，很难区分。主要区别是硬件方面，Photon 板使用的 Wi-Fi 芯片与 Core 不同，处理器速度更快，RAM (随机访问内存)更多。

两种开发板上的引脚几乎相同，因此本书讲述的大部分内容也适用于 Core。Photon 板的几个改进很有价值，例如数字-模拟转换器(Digital-to-Analog Converter，DAC)和唤醒引脚(Wakeup Pin，WKP)，取代了 Core 上的 A6 和 A7。

1.4　物联网

物联网是媒体术语，它把哑电子设备连接到 Internet 上，之后可通过 Web 浏览器控制这些设备，向 Web 服务器发送 HTTP 请求，并返回要显示的信息。可给应用连接许多设备和传感器：

- 家用电器
- 气象站
- 机器人
- 空气污染监控
- 环境感应
- 智能后勤
- 位置跟踪
- 健康监控

目前市场上的物联网设备越来越多，例如智能温控器(smart thermostat)或飞利浦 Hue 灯(Philips Hue lamp)，它们允许用户控制家庭中的供暖方面或情调照明(mood lighting)。物联网的大发展，使厂商和玩家更有兴趣创建自己的智能项目，而 Photon 板提供了这种可能性，且成本只有 19 美元——市场上最便宜的开发板。

有那么多厂商和玩家都在创建新的 IoT 项目，就有必要为硬件和软件建立一个简单框架，给处于任何技能水平的人员提供一个简单、易用的系统。所以 Particle 团队根据流行的 Arduino 软件建立了这样一个系统，把较复杂的技术转换为每个用户都易于使用的开源产品。

1.5 Particle 云

该框架的硬件部分是 Photon 板，它基于流行的 Core 模块，通过融资网站 Kickstarter 获得资金。Photon 板设计为与 Core 向后兼容，所以，本书大部分内容都适用于 Core。

Particle 为硬件创建了一个软件框架，允许用户利用其他技术和设备通过 Internet 与硬件交互操作，这两个元素很容易协同工作。使用 Photon 板的 IoT 设备使用继电器(relay)或类似电路打开消费设备；这里，当用户访问网页或移动应用，通过其上的一个按钮打开或关闭设备。用户点击网页上的按钮时，会把一条消息或一串数据发送给 Particle 云服务，Particle 云服务再把该消息转发给 Photon 板，打开设备。如果 Photon 板连接了传感器，云系统就可按相反顺序工作，即点击按钮时，不是 Web 服务给云发送信息，而是由 Photon 开发板把传感器的信息发送给云，再发送给 Web 服务器，显示在 Web 上。整个 Particle 框架使这个工作无缝地完成，对终端用户而言也不会过于复杂——用户只需要用 Particle 云账户注册 Particle Photon 板即可。

1.6 Photon 板

Photon 板小巧玲珑，如图 1-1 所示。

Photon 板上的两个按钮 SETUP 和 RESET 可配置 Wi-Fi 凭证，在需要时重启设备。万一设备出现问题，联合使用它们可执行完整的出厂重置操作。

开发板的顶部有微型 USB 端口，用于给开发板供电，在需要时还可连接到计算机上，进行 USB 编程。

Photon 板有内置的芯片型天线(chip antenna)，适合于大多数室内应用，Photon 板还有一个外部槽，用于连接 Wi-Fi 天线，进行范围扩展和定向天线。Photon 板的默认配置为：在芯片天线和外部天线都可用的情况下，始终选择最可靠的方法。也可在固件上手动选择天线。

图 1-1　Photon 板

1.7　小结

现在我们已经启航了。Photon 板是一款在厂商社区中创建 IoT 项目、开发商业消费产品的优秀设备。下一章将介绍如何设置 Photon 板，开始编写第一个项目。

第 2 章

连　　接

本章将学习把Photon板连接到Particle云并开始编程的多种方式。连接Photon的最简单方式是使用iOS或Android智能手机上的Tinker应用；但万一这种方式无效或者没有智能设备，可采用本章将介绍的连接Photon的其他方法。

2.1　开发板的特征

在开始前，一定要完全理解Photon板和一些有用的特征，包括最重要的RGB(红绿蓝)发光二极管(LED)，这是理解Photon板的工作原理的关键。

如图2-1所示的Photon板，可看出其上有多个引脚、几个按钮和一个闪烁的LED。Photon板上有两个按钮：RESET按钮位于右侧，其顶部是一个通用串行总线(USB)端口；另一个按钮是SETUP，位于Photon板的左侧。

按住RESET按钮会启动设备的重置，给设备断电，再重启设备。如果将一个程序加载到Photon板上，但出了问题，这将是重启程序的一个好方法。

图 2-1 Photon 板

按住 SETUP 按钮会执行许多操作。按住 SETUP 按钮 3 秒钟，会使 Photon 进入智能配置(Smart Config)状态——允许 Photon 连接到本地的 Wi-Fi 网络上，这由闪烁的蓝色 LED 表示。按住 SETUP 按钮 10 秒钟，会清除 Photon 的 Wi-Fi 内存，删除已保存的所有 Wi-Fi 凭证。如果希望连接另一个 Wi-Fi 网络，或者当前网络出问题了，这样做是非常有用的。如果按住 SETUP 按钮，再立即按下 RESET 按钮，3 秒钟后就会启动 Bootloader 模式。Bootloader 模式允许通过 USB 对 Photon 重新编程，或使用 JTAG (Joint Test Action Group，联合测试行动小组)扩充板。Bootloader 模式由闪烁的黄色 LED 表示。如果错误地进入这个模式，则只需要再次按下 RESET 按钮即可退出。如果 Photon 板在硬重置后没有响应，最后一个选项是把开发板重置为出厂设置，这会清除所有内存，重启 Photon，就像它是一个全新的 Photon 板一样。为此，可按住 SETUP 和 RESET 按钮 10 秒钟——LED 应快速闪烁白色，重置后会改为另一种颜色。

在 Photon 板上，应能看到两个 LED。开发板的中间是 RGB LED，它显示 Photon 板网络连接的状态。还有一个蓝色的 Surface Mount Diode(表面贴装二极管，SMD) LED，这是一个用户 LED，连接到引脚 D7 上，这样当把引脚 D7 设置为 HIGH 或 LOW 时，就会打开或关闭蓝色 LED。RGB LED 会显示如下状态：

- **闪烁的蓝色光**：监听模式，等待网络信息。
- **固定的蓝色光**：智能配置完成，找到了网络信息。
- **闪烁的绿色光**：使用找到的凭证连接本地 Wi-Fi 网络。
- **闪烁的青色光**：连接 Particle 云。
- **快速闪烁的青色光**：用 Particle 云启动握手(handshake)。
- **慢速脉动的青色光**：成功连接 Particle 云。
- **闪烁的黄色光**：Bootloader 模式，等待通过 USB 进入的新代码或使用 JTAG 防护板。
- **脉动的白色光**：启动，给 Photon 供电。
- **闪烁的白色光**：启动出厂重置操作。
- **固定的白色光**：出厂重置操作完成，重置 Photon。
- **闪烁的品红色光**：Photon 在更新固件(firmware)。
- **固定的品红色光**：Photon 断开了与 Particle 云的连接；按下 RESET 按钮，Photon 板就尝试再次更新固件。

这些 LED 状态为 Photon 板当前的操作提供了清晰的指示，出问题时这些状态也很有用。RGB 还用闪烁的红色 LED 指示出错。这些错误包括：

- **闪烁两次红色光**：连接因为 Internet 连接出问题而失败。
- **闪烁三次红色光**：Internet 可以连接，但 Particle 云不能访问。访问 Particle 网站，了解云的最新状态。
- **闪烁黄色/红色光**：提供给 Photon 板的 Wi-Fi 凭证不正确，所以不能连接本地 Wi-Fi 网络。

Photon 底部有 24 个清晰可见的引脚，每个引脚都在丝网(silk screen)上清楚地标记(在顶部)。这些引脚清楚地标记了如下内容：

- VIN：表示电压输入，这个引脚连接电压为 3.6~6V(最大)的非稳压电源，给 Photon 板供电。

注意：

通过 USB 端口给 Photon 供电时，不应使用 VIN 引脚。

- 3V3：顾名思义，这个引脚输出稳定的 3.3V 电压，可用于给电路供电。如果有 3.3V 的稳压电源，则这个引脚也用于给 Photon 供电。

注意：

不建议使用 3.3V 线路给 Photon 供电。任何过电压都可能给开发板造成永久伤害。

- VBAT：没有 3V3 时，给内部的 RTC(real-time clock，实时时钟)、返回寄存器(back register)和 SRAM(Static Random Access Memory，静态随机存储器)供电(1.65~3.6V)。
- RST：将这个引脚连接到 Photon 板的一个接地引脚上时，就会重置 Photon。
- GND：表示接地引脚，用于将正电压接地。
- D0~D7：这些引脚表示来自电子电路或设备的数字输入/输出值。它们不能从传感器等组件中读取模拟输入/输出。一些数字引脚还有其他功能，例如支持 SPI(Serial Peripheral Interface，串行外设接口)或 JTAG 等外设。
- A0~A5：与数字引脚相反，还有 6 个 GPIO 引脚，它们与 D0~D7 引脚相同，但属于模拟引脚，即它们可从模拟传感器中读取数值。
- Tx 和 Rx：这些引脚用于通过串行/UART(Universal Asynchronous Receiver Transmitter，通用异步收发器)来通信。在串行通信中，Tx 表示发送引脚，Rx 表示接收引脚。
- WKP：逻辑电平唤醒引脚，将模块从睡眠/备用模式中唤醒。未使用 WAKEUP 引脚时，它可用作 GPIO、ADC(Analog to Digital Converter，模拟数字转换器)或 PWM(Pulse-Width Modulation，脉冲宽度调制)引脚。
- DAC：12 位数字模拟输出，也是一个数字 GPIO。DAC 在软件中用作 DAC 或 DAC1，A3 引脚用作第二个 DAC 输出，即 DAC2。

除了 GPIO 引脚外，一些模拟和数字引脚也可通过函数 analogWrite() 用作 PWM 引脚。这些 PWM 引脚进行脉冲宽度调制，增加或减少了开关的时间——例如，可降低 LED 的亮度或使电机加速。Photon 板有 9 个 PWM 引脚：D0~D3、A4、A5、WKP、Rx 和 Tx。

2.2 连接

为给 Photon 板加电，只需要把其内部 USB 接口线的一端插入 Photon 板，如图 2-2 所示，把 USB 接口线的另一端插入计算机/笔记本电脑或 USB 电源。加电后，Photon 板就应开始闪烁蓝色。如果打算使用 Photon 和 u.FL 连接器，应确保天线连接正确。如果这是第一次连接 Photon，就应看到 LED 闪烁蓝色。如果看到另一种颜色的 LED，就要按住 MODE 按钮，直到 LED 开始闪烁蓝色为止，之后才能继续。

图 2-2 通过 USB 接口线连接到笔记本电脑的 Photon 板

2.2.1 连接到移动智能设备上

如果打算在智能手机上通过 iOS 或 Android 设备启动 Photon 板，就可以在应用商店中搜索 Particle，定位该应用，免费下载它。

首次启动设备上的应用时，会看到如图 2-3 所示的登录屏幕。每个 Photon 设备都必须在 Particle 云上使用厂家指定的唯一标识号注册。如果已在云上注册了，就继续登录，否则应在 Particle 云上输入账户信息来注册——这只需要几分钟时间。

图 2-3　Particle 应用登录屏幕

一旦登录，就需要确保智能设备连接到 Photon 板希望连接的 Wi-Fi 网络上；否则，就无法与 Photon 板通信，也无法给它编程，完成许多有趣的操作。Wi-Fi 网络名应显示在下一个屏幕的 SSID 框中。现在只需要输入 Wi-Fi 密码，点击 Connect 即可。连接要花点时间，耐心一点儿。Photon 板闪烁的颜色应遵循如下顺序：

- **闪烁的蓝色**：监听 Wi-Fi 凭证
- **固定的蓝色**：从 Tinker 应用中获得 Wi-Fi 信息
- **闪烁的绿色**：尝试连接 Wi-Fi 网络
- **闪烁的青色**：正在建立与 Particle 云的连接
- **闪烁的品红色**：正在更新最新固件
- **脉动的青色**：连接成功

一旦连接成功，就应看到如图 2-4 所示的屏幕，其中显示了所有可用于编程的 GPIO 引脚。

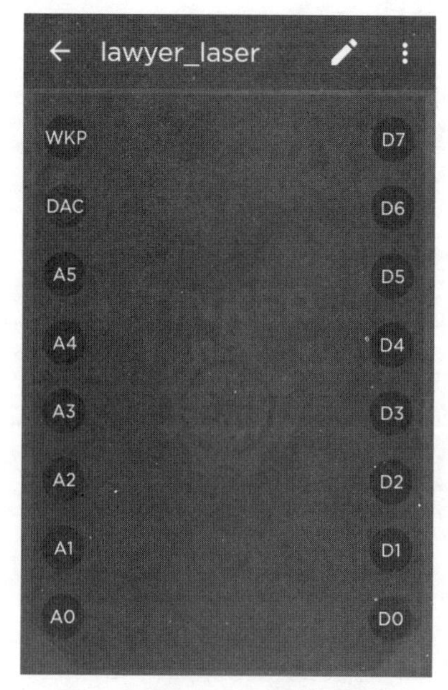

图 2-4 Tinker GPIO 引脚的配置

故障排除

Photon 板常常未能按照期望的那样工作；但这不是什么问题，因为这里有几个方法可使 Photon 板即时开始工作。下面是帮助我们工作的一些指南：

- 如果智能设备没有检测到任何 Photon 设备，就应确保它们连接到同一个 Wi-Fi 网络上。如果 Photon 板在闪烁蓝色，就再试一次。
- 如果 Photon 板在闪烁绿色，但没有闪烁青色，就应尝试再次输入 Wi-Fi 凭证，并确保输入正确。按住 SETUP 按钮，直至闪烁蓝色，再尝试输入信息。
- 如果 Photon 在闪烁脉动的青色，但 Tinker 应用没有找到任何设备，就意味着该 Photon 板还没有注册账户。

2.2.3　通过 USB 连接

如果没有智能移动设备，就可以把 Photon 板通过 USB 连接到 Wi-Fi 网络上，进行串行通信。

注意：

只有 Photon 板处于监听模式，这才是有效的。

首先需要下载一个可用于与Photon通信的串行终端应用。如果使用Windows操作系统，则强烈建议使用PuTTY；还需要安装用于Photon的Windows驱动程序(https://s3.amazonaws.com/spark-website/Spark.zip)。如果使用Apple Mac计算机，则CoolTerm提供了很好的图形用户界面(GUI)，对用户很友好(如图 2-5 所示)。

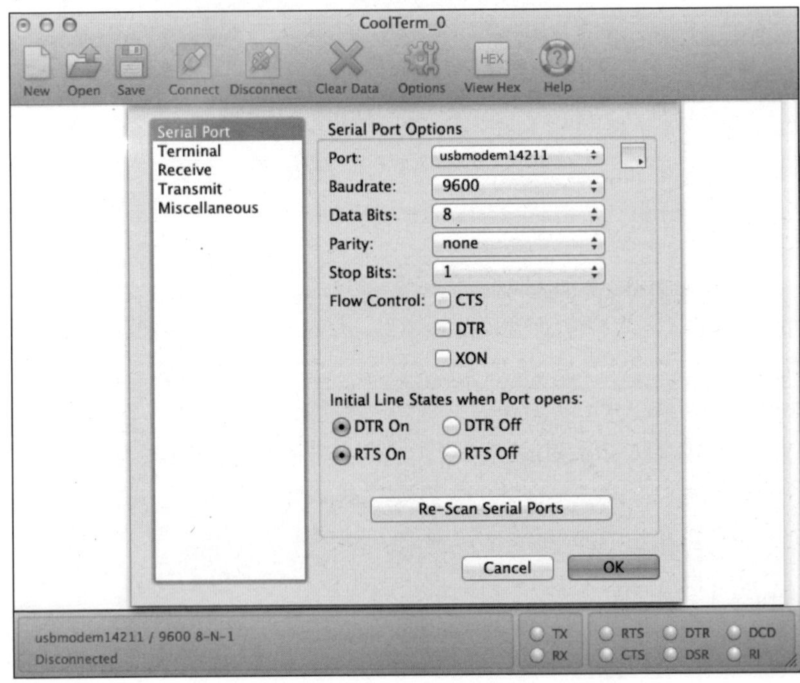

图 2-5　Mac OS 的 CoolTerm

下载并安装该软件后，使用 USB 把 Photon 板插入计算机。Photon 处于监听模式(闪烁蓝灯)时，在应用程序设置中打开 USB 的串口，如下：

- **波特率**：9600
- **数位**：8
- **校验**：无
- **结束位**：1

一旦打开串行连接，在键盘上输入 w 或 i，就可以使用两个不同的命令，下面解释了它们的功能：

- **W**：设置 Wi-Fi SSID(Service Set Identifier，服务集标识符)和密码
- **I**：读取 Photon 板的唯一 ID

注意：

如果第一次通过 USB 连接 Photon 板，还需要手动声明将 Photon 板连接到账户上。

手动声明 Photon 板

在 Photon 连接到 Wi-Fi 网络上后，还需要声明将它连接到账户上。这将允许我们控制 Photon 板，禁止其他人控制该开发板。如果使用 Particle 移动应用，Photon 板会自动声明连接到账户上；然而，如果通过 USB 连接 Photon，或者声明过程没有成功，就需要使用如下步骤手动声明。

手动声明 Photon 的最简单方法是通过 USB 串口连接 Photon，并使用 I 命令请求 Photon 的 ID；接着就可通过 Particle Build 网站声明它。设备 ID 应显示如下：

```
#Photon ID
55ff6806498949532909 2587
```

有了这个唯一的 Photon ID，就打开 Particle Build 页面(http://www.particle.io/build)，点击 Devices 图标。点击 Add New Device 按钮，在文本框中输入 Photon 的 ID，如图 2-6 所示。

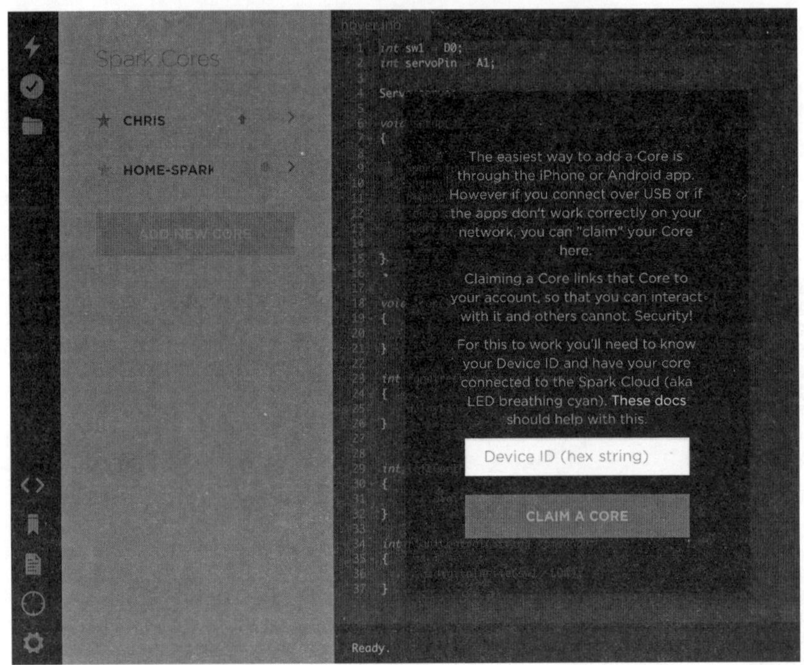

图 2-6　通过 Particle Build 网站添加 Photon

2.3　使用 Tinker

使用应用把 Photon 连接到 Wi-Fi 网络后，就进入 Tinker 部分；在该部分，可方便地开始使用设备上的 GPIO 引脚，而不必进行任何编程。这非常适合于早期项目开发。

在图 2-4 中，应用显示了竖排的 16 个引脚，类似于 GPIO 引脚在开发板上的排列方式。点击任一个引脚，都会打开一个小菜单，其中显示了该引脚的所有可用功能。每个引脚至多有如下 4 个不同的函数。

- digitalWrite：把引脚设置为 HIGH 或 LOW，将该引脚连接到 3.3V 电源线或 GND(接地)。引脚 D7 连接到开发板上的 LED。如果把这个引脚作为示例，则将引脚 D7 改为 HIGH 时，LED 会打开，把它设置为 LOW 时，LED 会关闭。
- analogWrite：这个函数把引脚设置为 0~255 之间的值，其中 0 等同于将数字引脚设置为 LOW，255 等同于将数字引脚设置为 HIGH。这类函数发出 0~3.3V 电压。因为这是一个数字板，所使用的 PWM 发送模拟信号。例如调整模拟值，使 LED 变暗。
- digitalRead：它读取引脚的数字值，其值可以是 HIGH 或 LOW。如果把引脚直接连接到 3.3V 引脚上，所读取的值就是 HIGH。如果把它连接到 GND，所读取的值就是 LOW。如果所读取的值介于两者之间，就取最接近的端值，这并不明智，因为读数永远都不准确。
- analogRead：它读取开发板上模拟引脚的模拟值。所读取的值为 0~4095，其中 0 表示 LOW，4095 表示 HIGH(3.3V)。这些模拟引脚是 A0~A5。通常这些引脚用于读取传感器的值，例如灯和温度。

知道了每个引脚的函数后，就很容易改变引脚的函数，方法是轻触并按住引脚号，显示函数选择菜单。尝试使用更多函数，打开 LED，读取温度，驱动电机，或者打开伺服系统。

第一次收到 Photon 设备时，加载到开发板上的固件是 Tinker 应用的默认应用。如果加载了自己的固件，并希望再次使用 Tinker 应用，只需要进行出厂重置，默认固件就会再次加载到开发板上。

刷新 Photon 的最简单方法是通过 iOS 或 Android 设备使用 Tinker 移动应用：

- iOS：轻触左上角的列表按钮，再轻触设备旁边的箭头，最后轻触弹出式菜单上的 Reflash Tinker 按钮。

● Android：选择 Photon，轻触右上角的选项按钮，再轻触下拉框中的 Reflash Tinker 选项。

2.3.1 Tinker API

Tinker 固件安装到 Photon 设备上后，它就会响应来自移动设备的 Tinker 应用中的某些 API(应用程序编程界面)请求，这些请求会复制 GPIO 引脚的 4 个函数。使用 Tinker 应用不仅可读取这些 API 请求，还可向其他应用发出请求，所以可以相当容易地根据固件创建自己的 Web 或移动应用。下一节将介绍如何基于可用的 4 个 GPIO 函数发出一些简单请求。

digitalWrite 表示引脚设置为 HIGH 或 LOW，把引脚连接到 3.3V 或 GND。如前所述，引脚 D7 连接到 Photon 板的板上 LED。如果把这个引脚设置为 HIGH，LED 就会打开，把它设置为 LOW，LED 就会关闭。以下代码是发送给 Photon 来完成这个任务的 API 请求：

```
POST /v1/devices/{DEVICE_ID}/digitalWrite

# EXAMPLE REQUEST IN TERMINAL
# Core ID is 0123456789abcdef
# Your access token is 123412341234
curl https://api.particle.io/v1/devices/
0123456789abcdef/digitalWrite \   -d access_token=
123412341234 -d params=D0,HIGH
```

参数必须是引脚号后跟一个 HIGH 或 LOW 值。如果请求成功，该参数就会返回 1，否则返回-1。

analogWrite 函数把引脚设置为 0~255 的值，其中 0 是最低值 GND，255 是最高值 3.3V。如前所述，我们使用的是数字系统，不可能创建模拟信号，但可以用 PWM 发送模拟信号。开始时使用 PWM 的最简单示例是使用 analogWrite 函数使 LED 变暗。以下代码用于给 Photon 板发送 API 请求：

```
POST /v1/devices/{DEVICE_ID}/analogWrite
```

```
# EXAMPLE REQUEST IN TERMINAL
# Core ID is 0123456789abcdef
# Your access token is 123412341234
curl https://api.particle.io/v1/devices/
0123456789abcdef/analogWrite \   -d access_token=
123412341234 -d params=A0,215
```

这里的参数是引脚号后跟一个 0~255 的整数值。与前面一样，如果请求成功，该参数将返回 1，否则返回-1。

digitalRead 从板上的一个数字引脚中读取值;这个值可以是 HIGH 或 LOW。API 请求如下：

```
POST /v1/devices/{DEVICE_ID}/digitalRead

# EXAMPLE REQUEST IN TERMINAL
# Core ID is 0123456789abcdef
# Your access token is 123412341234
curl https://api.particle.io/v1/devices/
0123456789abcdef/digitalRead \   -d access_token=
123412341234 -d params=D0
```

参数集必须是引脚号(A0~A5 或 D0~D7)，返回值是 1 或-1。

analogRead 从 A0~A5 引脚中读取 0~4095 的模拟值，其中 0 表示 LOW，4095 表示 HIGH。只有模拟引脚能处理这些值。模拟引脚一般用于从不同类型的传感器中读取值。API 请求如下：

```
POST /v1/devices/{DEVICE_ID}/analogRead

# EXAMPLE REQUEST IN TERMINAL
# Core ID is 0123456789abcdef
# Your access token is 123412341234
curl https://api.particle.io/v1/devices/
0123456789abcdef/analogRead \   -d access_token=
123412341234 -d params=A0
```

如果请求成功，返回值就为 0~4095，如果读取值失败，则返回-1。

2.3.2 同时运行 Tinker 和脚本

如果已在 Photon 上运行了自己的固件程序，不久就会发现在运行代码时，不能使用 Tinker 应用了。但现在可以做到。把以下代码添加到固件中，刷新到 Photon 上，就可以同时运行自己的程序和 Tinker：

```
int tinkerDigitalRead(String pin);
int tinkerDigitalWrite(String command);
int tinkerAnalogRead(String pin);
int tinkerAnalogWrite(String command);

//PUT YOUR VARIABLES HERE

void setup()
{
   Particle.function("digitalread", tinkerDigitalRead);
   Particle.function("digitalwrite", tinkerDigitalWrite);
   Particle.function("analogread", tinkerAnalogRead);
   Particle.function("analogwrite", tinkerAnalogWrite);

   //PUT YOUR SETUP CODE HERE



}

void loop()
{
   //PUT YOUR LOOP CODE HERE



}

int tinkerDigitalRead(String pin) {
   int pinNumber = pin.charAt(1) - '0';
   if (pinNumber< 0 || pinNumber >7) return -1;
   if(pin.startsWith("D")) {
      pinMode(pinNumber, INPUT_PULLDOWN);
```

```
        return digitalRead(pinNumber);}
    else if (pin.startsWith("A")){
        pinMode(pinNumber+10, INPUT_PULLDOWN);
        return digitalRead(pinNumber+10);}
    return -2;}

int tinkerDigitalWrite(String command){
    bool value = 0;
    int pinNumber = command.charAt(1) - '0';
    if (pinNumber< 0 || pinNumber >7) return -1;
    if(command.substring(3,7) == "HIGH") value = 1;
    else if(command.substring(3,6) == "LOW") value = 0;
    else return -2;
    if(command.startsWith("D")){
        pinMode(pinNumber, OUTPUT);
        digitalWrite(pinNumber, value);
        return 1;}
    else if(command.startsWith("A")){
        pinMode(pinNumber+10, OUTPUT);
        digitalWrite(pinNumber+10, value);
        return 1;}
    else return -3;}

int tinkerAnalogRead(String pin){
    int pinNumber = pin.charAt(1) - '0';
    if (pinNumber< 0 || pinNumber >7) return -1;
    if(pin.startsWith("D")){
        pinMode(pinNumber, INPUT);
        return analogRead(pinNumber);}
    else if (pin.startsWith("A")){
        pinMode(pinNumber+10, INPUT);
        return analogRead(pinNumber+10);}
    return -2;}

int tinkerAnalogWrite(String command){
    int pinNumber = command.charAt(1) - '0';
    if (pinNumber< 0 || pinNumber >7) return -1;
    String value = command.substring(3);
```

```
if(command.startsWith("D")){
   pinMode(pinNumber, OUTPUT);
   analogWrite(pinNumber, value.toInt());
   return 1;}
else if(command.startsWith("A")){
   pinMode(pinNumber+10, OUTPUT);
   analogWrite(pinNumber+10, value.toInt());
   return 1;}
else return -2;}
```

2.4 使用 Particle Web IDE

Particle Web 集成开发环境(IDE)是一个简单的 Web 界面，可用于给 Photon 板编程。还可在这里获得 Photon 的有用信息和设置，访问用于 Particle API 的令牌。要访问 Particle IDE，只需要进入 https://www.particle.io/build。如果之前没有注册账户，就输入当前电子邮件地址和密码，创建一个账户(如图 2-7 所示)。注册账户允许保存程序，给账户指定设备。如果以前登录过 Particle Build 网页，就点击注册按钮下面的 Let Me Login 按钮。

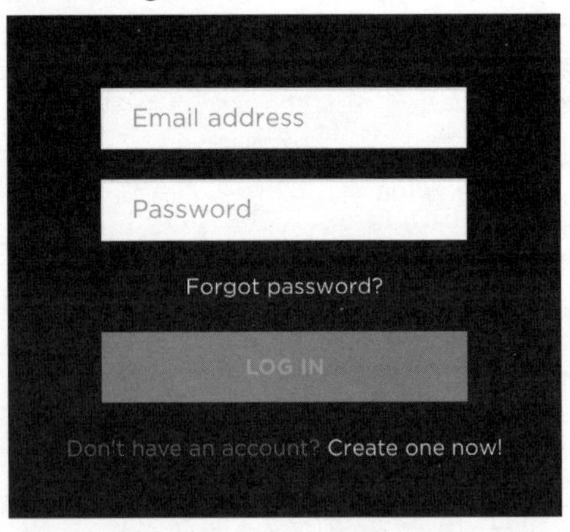

图 2-7 Particle Build 登录页面

登录后，将显示 Particle Build 编程环境。Particle Build 是一个易用的 IDE，它可使用软件开发界面设计软件程序。使用 Web IDE 的优点是可在有 Web 浏览器、但未安装任何软件程序的几乎任何计算机上使用它。

Particle Build 网页的左侧有一个简单的菜单栏。该栏的顶部是 3 个按钮，包含了我们要使用的主要功能：

- Flash：把当前代码上传到连接的 Photon 板上。这个按钮会启动固件的无线更新，加载新软件。
- Verify：代码在实际刷新、上传到 Photon 之前编译。与任何软件工程项目一样，应始终首先编译代码，再运行它，查看是否有错误。找到的错误会显示在 IDE 网页底部的调试控制台中。
- Save：保存对代码所做的更改。创建新应用并点击 Save，应用就会保存到账户中，每次登录到 Particle Build IDE 上，都可以访问它。

菜单栏底部是另外 4 个按钮，用于导航 Particle Build IDE：

- Code：显示以前创建并保存的应用列表。它允许编辑应用，并刷新到 Photon 上。
- Library：显示其他用户创建的应用列表，允许自己使用它们，在自己的代码中插入它们。在开始应用之前，应查看这里——毕竟，为什么要重复已经完成的工作？
- Docs：打开 Photon 可用的所有文档。如果使用开发板时遇到了问题，就可以使用这个按钮。
- Devices：显示 Photon 或 Cores 的列表，以便选择要刷新的开发板或要获得其信息的开发板。
- Settings：允许修改密码，从 Web IDE 中注销，获得使用 API 调用的访问令牌。

对于高级用户，还有用于Windows和Mac OS X的快捷键，参见Github网页(http://github.com/ajaxorg/ace/wiki/Default-Keyboard-Shortcuts)。

在 Particle Build 主页上，有一个 Particle Apps 区域，其中显示了

当前处理的应用、以前在 Build 中创建并保存的其他应用以及社区支持的示例应用。

2.4.1 Particle 应用和库

首次打开 Particle Build IDE 时，在编辑器中打开的示例应用是 HELLO WORLD，它只有一个文件，但 IDE 支持多个关联的文件，这与 Arduino IDE 相同。

在 IDE 的这个主窗格中，有许多选项可帮助开发应用：

- Create：允许创建新应用。它会提示用户输入唯一的名称，然后按下回车键。新应用现在就保存到账户中，准备编辑。
- Delete：点击 Remove App 按钮就会从 Particle 库中永远地删除应用。但一定要确保这就是要执行的操作，因为无法恢复它。
- Rename：很容易将应用重命名为更合适的名字，方法是在 Current App 下双击应用标题。也可用同样的方式修改应用的描述，即双击该描述并编辑它。
- My Apps：在这个标题下可在编辑器的新选项卡下打开其他应用，以便在应用之间切换。希望把一段代码从一个应用复制到另一个应用时，这个选项很方便。
- Files：这个标题列出了与当前应用相关的所有文件。点击支持文件，就可以在新的选项卡中打开并编辑它。
- Examples：这个标题列出了由日益壮大的社区创建的示例应用。

2.4.2 上传第一个应用

熟悉了 Particle Build IDE 后，下一步就是编写一个简单应用，以便进一步了解把程序刷新到 Photon 板的过程。后面将详细讨论编码，现在只需要使用 Particle Build IDE 提供的一个示例。

首先确保 Photon 板连接到 Particle 云上。此时 Photon 板应闪烁青色，表示它连接到 Particle 云上。在 Particle Build IDE 中，导航到 Examples 标题，查找程序 Blink An LED。点击该程序，它现在应显示在主编辑器页面上。也可以创建新应用，把下面的代码段复制到活动的选项卡中。下面是第一个示例要使用的代码：

```
//D7 LED Flash Example
int LED = D7;

void setup() {
   pinMode(LED, OUTPUT);
}

void loop() {
   digitalWrite(LED, HIGH);
   delay(1000);
   digitalWrite(LED, LOW);
   delay(1000);
}
```

下一步是选择要刷新代码的 Photon。点击左边导航栏中的 Devices 图标，就应看到连接到 Particle 云上的设备列表。在 Photon 名称的旁边，选择星星图标，使该设备突出显示为程序的活动设备。如果只有一个设备，它会自动选中，所以可以跳到下一步。

有了代码，就点击 Flash 按钮，把应用固件无线发送给 Photon。如果刷新成功，Photon 的 LED 就会闪烁品红色，板上的蓝色 LED 会每秒闪烁一次。这不是最有趣的编程向导，但读者现在应了解到 Particle Build IDE 环境的基本使用方式。

在应用标题下，有一个名为 Fork This Example 的按钮，它允许创建该示例的副本，以便编辑、保存自己的版本。使用社区的代码段时，这个选项很有用。如果熟悉 Github 的使用，这个功能的工作方式与分析报表相同。

如果编辑代码，把 delay()函数的值从 1000 改为 250，就改变了板上 LED 的 ON 和 OFF 时间，此时务必点击左边导航菜单上的 Verify

按钮，确认编译新固件时没有错误。接着用新程序刷新 Photon，之后 LED 就比以前闪烁得快多了。

2.4.3 账户信息

除了前面学习的内容，在 Particle Build IDE 中还应熟悉另外几个功能，例如查看设备的重要信息，管理与账户相关的 Photon，以及希望其他人也使用自己的 Photon 时解除声明。

为查看 Photon 的 ID，可点击左侧导航栏中的 Devices 图标，再点击设备旁边的下拉箭头。如果希望解除设备的声明，让其他人能使用自己的开发板，就点击自己的 Photon 板，在下拉框中点击 Remove Device。设备与账户解除了声明关系后，就可以用另一个用户的 Photon 账户注册。

开始使用云 API 时，可能需要知道设备的 API 键。API 键是注册到 Photon 板的唯一号码，应注意保密。在账户的 Settings 选项卡下，可按下 Reset Token 按钮，给账户指定一个新的 API 键。不要忘了，如果对已经输入的 API 键编写了代码，就需要用新的 API 键修改它。

2.4.4 使用库

希望在多个应用程序中使用代码或代码段时，Particle 库很容易完成这个任务。Particle 库很容易共享，使用社区建立的包，有助于解决创建自己的应用时可能遇到的常见问题。该库位于基于 Web 的服务 Github 上，很容易拖到 Particle 云 IDE 中，在该 IDE 中，Particle 库可包含到应用中，与其他用户共享。要在应用中包含库，可找到要使用的库，点击 Include In App 按钮，这会在应用中添加一个#include 语句，以便使用该库的功能。

在 IDE 中添加库需要一个开源 Github 资源库，该资源库的代码存储在服务器上。Github 是一个基于 Web 的主机服务，为用户提供了分布修订控制和源代码管理。Github 是开源社区的核心，以用户创建共享软件的方式成长壮大。这个资源库至少需要一个 spark.json 文件、一些文档、一些示例固件文件和一些 Arduino/C++文件。导入和验证过程很容易解释，图 2-8 所示是一个例子。按照 IDE 的步骤操作，就可以建立并访问库。

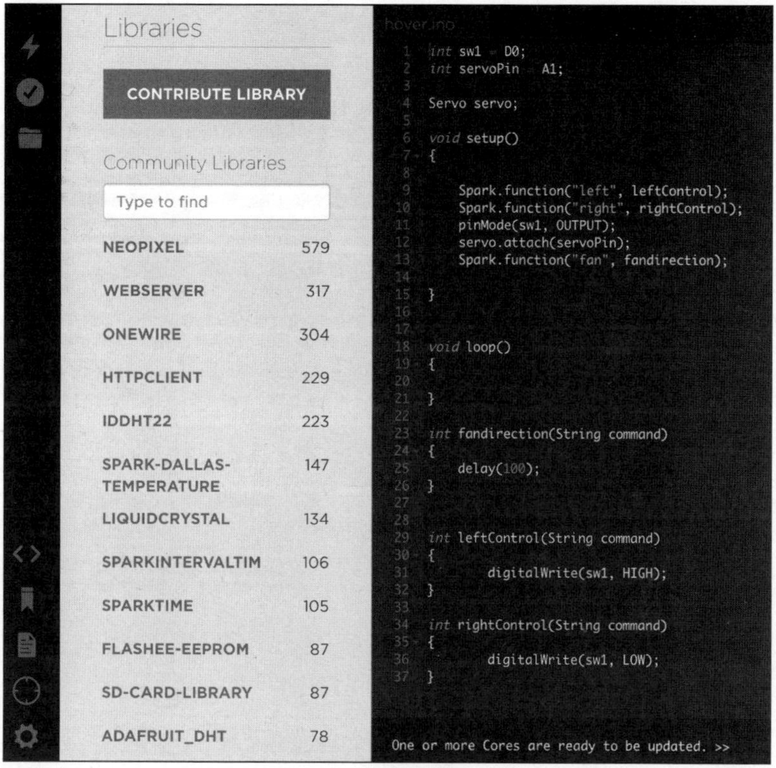

图 2-8 示例库

生成样板代码的最简单方式是执行如下简单步骤：

步骤 1：定义一个函数，创建样板库。

把下面的代码复制并粘贴到 bash 或 zsh shell 或.profile 文件中：

```
create_spark_library() {
   LIB_NAME=$1
```

```
    # Make sure a library name was passed
    if [ -z "${LIB_NAME}" ]; then
       echo "Please provide a library name"
       return
    fi

    echo "Creating $LIB_NAME"

    # Create the directory if it doesn't exist
    if [ ! -d "$LIB_NAME" ]; then
       echo " ==> Creating ${LIB_NAME} directory"
       mkdir $LIB_NAME
    fi

    # CD to the directory
    cd $LIB_NAME


    # Create the spark.json if it doesn't exist.
    if [ ! -f "spark.json" ]; then
       echo " ==> Creating spark.json file"
       cat <<EOS > spark.json
{
    "name": "${LIB_NAME}",
    "version": "0.0.1",
    "author": "Someone <email@somesite.com>",
    "license": "Choose a license",
    "description": "Briefly describe this library"
}
EOS
    fi


    # Create the README file if it doesn't exist
    if test -z "$(find ./ -maxdepth 1 -iname 'README*'
       -print -quit)"; then
       echo " ==> Creating README.md"
```

```
    cat <<EOS > README.md
TODO: Describe your library and how to run the examples
EOS
  fi

  # Create an empty license file if none exists
  if test -z "$(find ./ -maxdepth 1 -iname 'LICENSE*'
    -print -quit)"; then
    echo " ==> Creating LICENSE"
    touch LICENSE
  fi

  # Create the firmware/examples directory if it doesn't
   exist
  if [ ! -d "firmware/examples" ]; then
    echo " ==> Creating firmware and firmware/examples
    directories"
    mkdir -p firmware/examples
  fi

  # Create the firmware .h file if it doesn't exist
  if [ ! -f "firmware/${LIB_NAME}.h" ]; then
    echo " ==> Creating firmware/${LIB_NAME}.h"
    touch firmware/${LIB_NAME}.h
  fi

  # Create the firmware .cpp file if it doesn't exist
  if [ ! -f "firmware/${LIB_NAME}.cpp" ]; then
    echo " ==> Creating firmware/${LIB_NAME}.cpp"
    cat <<EOS > firmware/${LIB_NAME}.cpp
#include "${LIB_NAME}.h"

EOS
  fi
```

```
    # Create an empty example file if none exists
    if test -z "$(find ./firmware/examples -maxdepth 1
      -iname '*' -print -quit)"; then
        echo " ==> Creating firmware/examples/example.cpp"
        cat <<EOS > firmware/examples/example.cpp
#include "${LIB_NAME}/${LIB_NAME}.h"

// TODO write code that illustrates the best parts of what
   your library can do

void setup {

}


void loop {

}
EOS
    fi


    # Initialize the git repo if it's not already one
    if [ ! -d ".git" ]; then
        GIT=`git init`
        echo " ==> ${GIT}"
    fi

    echo "Creation of ${LIB_NAME} complete!"
    echo "Check out https://github.com/spark/
    uber-library-example for more details"
}
```

步骤 2：调用函数。

```
Create_spark_library this-is-my-library-name
```

用实际的库名替换 this-is-my-library-name，名称应全部小写，名字之间用短横线连接。

步骤 3：编辑 spark.json 固件.h 和.cpp 文件。

使资源库作为指南，进行正确的库转换。

步骤 4：创建一个 Github 报表，推向它。

步骤 5：通过 Particle IDE 验证和发布。

为验证、导入、发布库，应进入 Particle Build IDE，点击 Add Library 按钮。

如果还不了解如何创建库，不必担心，因为这是高级用户的工作。如果希望了解这些内容，Particle 社区提供了大量的支持。

2.5　Photon 板的固件

Photon 板是一个真正的嵌入式设备，不像其他传统计算机那样有操作系统，它运行单个代码(称为固件)，只要设备加了电，固件就会运行。

传统的硬件嵌入了硬编码的软件，因此每次都很难修改或刷新固件。Photon 板使用无线固件更新方式，用新软件覆盖旧软件。刷新设备时，唯一不受影响的软件是引导程序(bootloader)，它管理新固件的上传过程，确保成功加载。引导程序也负责 Photon 上提供的出厂重置选项。

2.6　小结

本章到此结束。希望读者能将自己的 Photon 连接到 Wi-Fi 网络上，使用 Particle Build IDE 网页创建自己的应用。下一章将学习 Arduino 样式的 C 编程概念，理解为 Photon 板编程的方式。

第 3 章

Particle 语法

用于 Photon 编程的语言称为 C。本章将学习并理解这种语言的基本编程术语。可将这里学到的内容应用于本书所编写的大多数固件。为更好地使用 Photon，需要学习这些基础编程知识。

3.1 什么是编程

对于初学者而言，往往不清楚编程究竟是什么，编程语言究竟是什么。查看 Photon 的固件时，可能想冒险试一试在不了解编程知识的情况下能做什么。但我们需要进一步熟悉代码实时执行的情形，例如开关发光二极管(LED)。

在 Particle Build 集成开发环境(IDE)中按下 FLASH 按钮时，会执行一连串事件，把固件上传到 Photon 上并运行。这个过程称为编译，它将代码行作为文本读入，把它们转换为二进制代码，即一系列 Photon 硬件能理解的 1 和 0。如上一章所述，把任何代码刷新到 Photon 之前，要点击 Verify 按钮，这将尝试预编译已编写好的 C 代码，但并不实际刷新它们。验证代码还确保所编写的代码在 C 编程语言中是有意义的。

如果代码不是用 C 编程语言编写的，则验证固件时会出错。尝试编译固件但根本就没有写好的代码时，也会出错。返回的错误指出：代码中没有 setup 或 loop 函数。如上一章所述，这两个函数是必需的，而且必须总是出现在固件中。

下面为固件添加如下函数，看它是否能通过编译：

```
void setup (){
}
void loop() {
}
```

验证固件时，编译器会显示，它成功编译了代码，所有内容都遵守了 C 语言标准。如果点击编译器底部的小图标，以了解更多信息，编译器就会说明使用了多少闪存(flash memory)。

Photon 的内部闪存共 1MB，分为 3 个主要区域。该内存空间的顶部保存并锁定了引导程序(bootloader)，第二个区域用于存储系统标识，第三个区域保存用户的实际固件。

下面详细解释 setup 或 loop 函数，它们始终是我们编写的每个固件的起点。在 setup 和 loop 的前面可加上 void，后面是一对花括号。

代码行 void setup()表示在代码中定义了一个名为 setup 的函数。系统已经定义了一些函数，例如 digitalWrite 和 delay。在我们编写的每个程序中，setup 和 loop 是系统必须为用户定义的两个函数。

调用 setup 和 loop 的方式与 digitalWrite 和 delay 不同，其实我们只是创建 setup 和 loop 函数，让 Photon 可以调用它们。这听起来似乎有点奇怪，但这么做是为了缩短代码。setup 和 loop 前面加上 void，就允许函数不返回任何值，这与其他函数不同，所以必须把它们指定为 void。

void 后面是函数名和包含任意参数的括号。这里的 setup 和 loop 函数都不含任何参数，但仍必须包含括号。因为我们是在代码中定义函数，而不是调用函数，所以不必用分号结束它，而使用花括号，在花括号中放置函数代码——称为代码块。定义函数 setup 和 loop，并不一定意味着必须使用这些函数包含任何代码块——只是需要在每个编写的固件中定义它们，实际上函数 setup 和 loop 可能从来就没有包含过所有代码块。

下面看看第 2 章的代码：

```
//D7 LED Flash Example
int LED = D7;

void setup() {
   pinMode(LED, OUTPUT);
}

void loop() {
   digitalWrite(LED, HIGH);
   delay(1000);
   digitalWrite(LED, LOW);
   delay(1000);
}
```

代码中的函数 setup 调用了一个内置函数 pinMode。函数 pinMode 用于把特定引脚设置为输入或输出。显然，我们先要把 LED 设置为输出，这样也可在后面使用函数 digitalWrite。pinMode 总是在函数 setup 中使用，因为在代码中只需要设置一次引脚模式。如果在 loop 函数中也调用 pinMode，程序也是有效的，但就最佳编码实践而言，最好在函数 setup 中调用一次 pinMode——这样就明白，在函数 setup 中，所有内容都只调用了一次。

3.2　变量

变量是存储一块数据的内存位置。变量有名称、值和类型。例如，下面的语句声明了引脚号：

```
int pin = D0;
```

这行代码创建了变量 pin，其值是 D0，类型是 int。在程序的后面，可通过名称引用这个变量，那时就会查找该变量的值并使用。例如：

```
pinMode(pin, OUTPUT);
```

Pin 的值会传递给 pinMode()函数。在这个示例中，其实不需要使用变量，如果直接引用引脚号，这个语句也能成功执行：

```
pinMode(D0, OUTPUT);
```

在这个示例中，使用变量的优点是，只需要指定一次引脚号，但其优点非常明显，因为可在代码中多次使用它。命名变量时，也可使用描述性名称，使变量的作用更清晰明了(例如控制某些 LED 的程序，可能使用 redPin、GreenPin 等变量)。

与值(例如数值)相比，变量还有其他优点。使用赋值语句(用等号表示)可改变变量的值。例如：

```
pin = D1;
```

这将变量的值改为 D1。可以看出，改变值时，并没有指定变量的类型——只有变量的名称和类型保持不变。记住，给变量赋值前，必须先声明变量。当然，可在需要时在代码中给变量制作副本。改变一个变量的值时，不会影响另一个变量的值。所以可改变一个变量的值，但在另一个变量中保留原始值，以便在需要时返回原始值。例如：

```
int pin = D0;
int pin2 = pin;
pin = D1
```

只有变量 pin 改为 D1，pin2 没有改变(仍旧是 D0)。

如果尝试在声明变量之前更改变量值，在编译时会接收到代码中的一个错误：error：pin was not declared in the scope(错误：pin 未在作用域中声明)；作用域是可使用变量的程序部分。这由声明变量的位置决定。例如，如果要在程序的任意位置使用变量，就必须在程序顶部声明它，这称为全局变量。下面是声明全局变量的示例：

```
int pin D0;
void setup() {
   pinMode(pin, OUTPUT);
{
```

```
void loop() {
   digitalWrite(pin, HIGH);
}
```

从示例可以看出，setup 和 loop 函数中都使用了 pin。这两个函数都引用了同一个变量，因此它必须设置为全局变量。如果只需要在一个函数中使用变量，就可以在该函数中声明它，此时它的作用域就是这个函数。例如：

```
void setup() {
   int pin D0;
   pinMode(pin, OUTPUT);
   digitalWrite(pin, HIGH);
}
```

在这个示例中，变量 pin 只能在 setup 函数中使用。如果尝试在 loop 函数中使用它，程序就会报错。为什么不在程序开头把所有变量都声明为全局变量？这的确更容易确定变量值发生了什么变化。但使用全局变量时，其值可在整个程序的范围内改变，这意味着必须理解程序，才知道变量发生了什么变化。有时变量只在自己的作用域中使用，调试会变得容易许多。

3.2.1　浮点型

前面使用的所有示例都包含 int 变量。整型变量是最常用的类型，但还需要熟悉其他类型的变量。

本书后面比较关注的一种类型是 float(浮点型)。例如使用温度传感器时温度的转换。该变量类型是包含小数点的数字，以得到更精确的测量值，例如 1.6。看看下面的公式：

```
f = c * 9 / 5 + 32
```

这个公式将温度从摄氏转换为华氏。如果 c 的值是 23，则 f 是 23*9/5+32，即 73.4。如果把 f 设置为整数，返回的值就是 73。

注意该公式的运算顺序。如果未认真考虑运算顺序，使用整数的结果就会不同。例如公式：

```
f = (c / 5) * 9 + 32
```

的结果如下：

- 23 除以 5，得到 4.6，再向下圆整为 4。
- 4 乘以 9，再加上 32，得到 68，这与实际的温度值 73.4 相差很多。

对于这样的情形，我们使用浮点数。下例将温度转换函数重写为使用浮点数：

```
float centToFaren (float c)
{
   float f = c * 9.0 / 5.0 + 32.0;
   return f;
}
```

也可给每个值加上.0——这样编译器就知道，应把值看成浮点数，而不是整数。

3.2.2 布尔型

另一个常见的变量类型是布尔，它具备逻辑值，即其值是 true 或 false。使用布尔逻辑的最佳示例是 if 语句。if 语句中的条件集合只能是 true 或 false。

```
int LEDpin = 5;       // LED on pin 5
int switchPin = 13;   // momentary switch on 13, other side
connected to ground

boolean running = false;

void setup()
{
  pinMode(LEDpin, OUTPUT);
```

```
      pinMode(switchPin, INPUT);
      digitalWrite(switchPin, HIGH);     // turn on pullup
resistor
    }

    void loop()
    {
      if (digitalRead(switchPin) == LOW)
      { // switch is pressed - pullup keeps pin high normally
        delay(100);              // delay to debounce switch
        running = !running;    // toggle running variable
        digitalWrite(LEDpin, running)     // indicate via LED
      }
    }
```

另外，可使用布尔运算符来操纵值。这类似于执行算术计算。最常用的逻辑运算符是 and(写作&&)和 or(写作||)。除这些运算符外，还有 not(写作！)。这个值可以是“非真”或“非假”。表 3-1 列出可用的所有数据类型和应使用的格式。

表 3-1 变量数据类型

数据类型	占用的内存(字节)	范围
boolean	1	true 或 false(0 或 1)
char	1	-128~+128
byte	1	0~255
int	2	-32 768~+32 767
unsigned int	2	0~65 536
long	4	-2 147 483 648~+2 147 483 647
unsigned long	4	0~4 294 967 295
float	4	-3.402 823 5E+38~+3.402 823 5E+38
double	4	与 float 相同

另外注意，值超出取值范围时会发生什么。这会导致古怪的结果。

例如，如果 byte 变量的值是 255，给这个值加 1，它就变成 0；同样，如果给整数 32 767 加 1，它就变成负值-32 768。通常，可将大多数数据类型指定为整数，所以最好将这个数据类型指定为默认类型。

3.2.3 字符型

数据类型 char 是一个字节，表示一个 ASCII 字符。ASCII(American Standard Code for Information Interchange，美国信息交换标准码)是计算时代早期用于转换字节和字符的系统。

char 通常只占用 1 字节内存，用于存储一个字符值。单个字符放在单引号中，如'A'，多个字符放在双引号中，如"ABC"。理论上，字符根据 ASCII 表存储为一个数字(例如 A 对应于数值 65)。下面创建了一个 char 变量并赋值：

```
char letter = 'A';
char letter = 65;
```

这两个使用 char 的示例都是正确的。

3.3 命令

Photon 上的 C 语言有许多内置命令。本节将研究其中一些，学习它们在固件中的用法。

3.3.1 if 语句

前面的示例都假设，程序一行一行地按顺序执行。但如果不希望这样做，而在代码中发生某个事件时执行一个代码块，就可以使用 if 语句，它与比较运算符一起使用，测试是否满足某个条件，例如输入是大于还是小于某个数。if 语句的格式如下：

```
if (variable > 50)
{
```

```
//Write your code here
}
```

该程序测试变量是否大于 50。如果大于，程序就执行特定操作，即执行花括号之间的代码。如果条件不满足，程序就跳过这个部分，执行后面的代码。另外，if 语句后面的花括号可忽略，此时，下一行代码就是唯一的条件语句，如下例所示：

```
if (x > 50) digitalWrite(LEDpin, HIGH);
   if (x > 50)
   digitalWrite(LEDpin, HIGH);
   if (x > 50) { digitalWrite(LEDpin, HIGH); }
   if (x > 50) {
      digitalWrite(ledPin1, HIGH);
      digitalWrite(ledPin2, HIGH);
   }
```

对于使用 if 语句而言，所有示例都是正确的。注意其中使用了符号>，表示“大于”。它是比较运算符之一。比较运算符参见表 3-2。

表 3-2 比较运算符

运算符	含义	示例	结果
<	小于	9<10 9<9	true false
>	大于	10>9 10>10	true false
<=	小于等于	10<=10 9<=10	true true
>=	大于等于	10>=10 10>=9	true true
==	等于	9==9	true
!=	不等于	9!=9	false

注意，使用等号时，必须使用两个等于号，它是一个比较运算符，而单个等于号是赋值运算符。使用条件时，很容易混淆它们两个。如果不小心使用了单个等于号，if 语句就总是返回 true 条件。这是因为 C 语言总是把语句执行为赋值操作，在前面的示例中，x 被设置为 50，总是 true。

if 语句还有一种形式，如果条件不满足或为 false，该形式允许执行另一个操作。本书后面的示例会使用这种形式。

3.3.2 for 循环

在程序中可能希望一系列命令执行多次。我们知道，可使用 loop 函数——loop 函数中的所有代码行在运行时，会从头开始一遍一遍地重复运行。这很好——但我们只希望代码运行几次，以得到某个需要的结果。为此，可使用 for 语句，它用于重复执行花括号中的代码块。通常要使用一个增量计数器确定循环执行代码的次数。for 循环适合于任何类型的重复操作，常与数组一起使用。for 循环开头有 3 个主要部分：

```
for (initialization; condition; increment) {
      statements
}
   for (int x = 0; x < 10; x++) {
      delay(500);
   }
```

Initializtion 放在最前面，只执行一次；每次循环时，都会测试 condition。若结果是 true，就执行语句和 increment，接着再次测试 condition。当循环代码重复执行 10 次时，condition 就是 false。

3.3.3 while 循环

C 中另一个有用的循环是用 while 命令替代 for 命令。while 循环会重复执行到圆括号中的表达式变成 false 为止。必须修改被测试的变量，否则 while 循环不会停止，而是永远执行下去。使用 while 循环的语法如下：

```
while(expression) {
   statements
}
int i = 0;
while (i = < 10)
{
   delay(500);
   i ++;
}
```

在循环中，while 后面圆括号中的表达式必须一直是 true。如果它不再是 true，就执行花括号后面的命令。还要注意如下代码：

```
i ++;
```

这是下述表达式的 C 简写方式：

```
i = i + 1;
```

3.4 数组

数组是包含一组不同值的方式。它与前面介绍的内容都不同，变量只包含一个值，通常是 int 数据类型。而数组包含一组值，通过某个值在数组中的位置很容易访问它。在大多数编程语言中，实际上是计算机科学中，第一个值总是表示为 0，而不是 1；这意味着第一个变量其实是元素 0。下面是在代码中声明数组的方式：

```
int myValue[6];
     int myPins[] = {2, 4, 8, 3, 6};
     int mySensVals[6] = {2, 4, -8, 3, 2};
     char message[6] = "hello";
```

声明数组时可不初始化它，例如 myValue。在 myPins 中声明了一个数组，但没有明确指定其大小。编译器会计算元素的个数，创建大小合适的数组。最后，可在初始化数组的同时指定其大小，如mySensVals。注意声明 char 类型的数组时，数组的大小要比初始化的元素个数大 1，以包含必须有的空字符。

数组是从 0 开始索引的——即在数组初始化时，第一个元素的索引是 0，因此 mySensVals[0]==2，mySensVals[1]==4，以此类推。

这也意味着，在包含 10 个元素的数组中，索引 9 是最后一个元素。于是：

```
    int myArray[10]={9,3,2,4,3,2,7,8,9,11};
        // myArray[9]    contains 11
        // myArray[10]   is invalid and contains random
information (other memory address)
```

因此，访问数组时要小心。如果访问时超出了数组范围(使用的索引号大于所声明的数组大小)，就会从用于其他目的的内存中读取数据。从这些位置读取数据可能得到无效数据。写入随机内存位置肯定很糟糕，常会导致不好的结果，例如崩溃或程序运行不正常。这也可能是一个难以跟踪的错误。

3.5 字符串

字符串是一串字符，是 Photon 处理文本的一种方式。在代码中使用字符串的可能性很小——如果使用液晶显示器(LCD)，可能会显示字符串。

下面是有效的字符串声明：

```
char Str1[15];
char Str2[8] = {'a', 'r', 'd', 'u', 'i', 'n', 'o'};
char Str3[8] = {'a', 'r', 'd', 'u', 'i', 'n', 'o', '\0'};
char Str4[ ] = "arduino";
char Str5[8] = "arduino";
char Str6[15] = "arduino";
```

声明字符串包括如下方式:

- 声明 char 数组，但没有初始化它，如 Str1。
- 声明 char 数组(有一个额外的 char)，编译器会添加必要的空字符，如 Str2。
- 明确添加空字符，如 Str3。
- 用引号中的字符串常量进行初始化。编译器会确定数组长度，来放置该字符串常量和结尾的空字符，如 Str4。
- 用明确的大小和字符串常量初始化数组，如 Str5。
- 初始化数组，留出额外空间来存储更大字符串，如 Str6。

字符串一般用空字符(ASCII 代码 0)结尾。这允许函数确定字符串的末尾在什么地方。否则，函数会继续读取内存中不属于字符串的后续字节。

这意味着字符串需要的空间比其包含的文本多一个字符。所以 Str2 和 Str5 即使只有 7 个字符，也需要 8 个字符，自动用空字符填充最后一个位置。Str4 会自动设置为 8 个字符，其中一个用于额外的空字符。在 Str3 中，明确包含了空字符(写作'\0')。

字符串也可以没有最后的空字符(例如把 Str2 的长度指定为 7，而不是 8)。这会使使用字符串的大多数函数执行失败，所以不要故意这么做。如果发现程序的操作很古怪(操作的是字符而不是字符串)，就说明出问题了。

3.6　最佳编程实践

Particle 编译器不会注意代码布局，但它要求放在一行上的代码必须用分号分隔每个语句。如果考虑读书的方式，它们的格式通常很类似——书总是有目录、章节、段落和索引。

格式化代码是个人选择——一些人喜欢把代码弄成一团乱麻，有的人喜欢在代码的各个部分用额外的注释使代码看起来很整齐。通常最好使代码非常整洁——以便更快地解码错误，如果与他人合作，其他人也容易阅读代码。

3.6.1 缩进

在前面的示例代码中，代码的左边总是使用了某种缩进。缩进通常由花括号确定，为整个代码提供了某种层次结构。在下例中，将 void loop()作为顶层，其中有一些代码，后跟用 if 开头的另一个子层：

```
Void loop()
{
    int count = 0;
    count = ++;
    if  (count == 10)
        {
            count = 0;
            delay(1000);
        }
}
```

如果在第一个 if 语句中添加另一个 if 语句，就把缩进增加 1 到 2 层。为从左边缩进，可按下键盘上的 TAB。这可能有点乏味，但以后查看代码时，会发现这种缩进非常有用。

3.6.2 注释代码

代码中的注释是编译器不读取、只是简单忽略的文本。注释可给程序员、其他阅读代码的人提供附加信息。如果程序代码分为许多部分，也可使用注释作为标题或开头，调试代码时，这非常有用，很容易找到需要编辑或修改的部分。目前，在代码中编写注释有两种语法形式：

- 单行注释可能是最常用的注释，以两个斜杠//开头，直到该行代码结尾。不能在同一行代码中插入注释和要执行的命令，因为编译器会认为它是注释的一部分，而忽略它。

- 多行注释用/*和*/分隔。在程序开头可使用这种注释来介绍代码，编写程序功能的简短描述。

下例显示了两种类型的注释语法：

```
/* This is an example of how to write different types of
comments with your program.
Written by Christopher Rush
*/
void loop() {
    int count = 0;
    count ++; //adds plus one to the integer count
    if (count == 10) {
        count = 0;
        delay(1000) //pauses for 1 second
    }
}
```

本书只使用单行注释，通常用于帮助理解代码中发生的操作。如果其他人在其项目中使用代码或其中一部分，这会很有用。有时初学者不清楚何时使用注释，何时不使用，但我通常遵循几个简单规则，使注释的使用更简单。注释应用于：

- 解释理解起来有困难的地方
- 描述用户可能需要执行、但没有在代码中写出来的操作，例如//LED 必须连接到引脚 D1 上
- 添加笔记或指令，例如//用简单的函数整理这段代码

最后要说明的一点是，使用 Note 或 Todo 比较有效，这会令程序员想起将来要返回这个地方。一些 IDE 编译器还允许搜索关键字。

3.6.3　空白

编译器程序总是忽略程序中的任何空白行，除非空白是分隔代码中各个单词的空格——下面的代码会执行，但阅读或调试它是非常困难的：

```
void loop() {int
count = 0; count ++; if(
count==10) {count =0;
delay(1000);}}
```

一些用户喜欢在任何内容之间添加空格，其他人尝试使用更流畅的格式——无论哪种方式都不重要，编译器仍会用原来的方式读取代码。

```
int count = 0;
int count=0;
```

3.7 小结

一些读者喜欢直接学习 Photon 的精髓，但开始时务必理解 Photon 板的基本编程概念。本章主要讲解理论知识，讲述如何编写固件，使之容易阅读和理解；采用 Arduino 样式的编程语言，这样给 Photon 编写自己的固件时，将可节省大量时间和精力。

下一章将使用输出设备给一些模拟和数字电路编写程序，例如 LED、电机和舵机(servo)。

第 4 章

输　出

本章将学习如何控制发光二极管(LED)、继电器和蜂鸣器等输出设备。输出设备通常用于交流信息(例如电路的状态)，或开关某电路(例如直流电机或伺服电机)。Photon 和 Core 都用于把物理设备连接到外界，这意味着把电子元件连接到 Particle 开发板上。Photon 上的输出是数字的，这表示在 0V 和 3.3V 之间切换。输出也可以是模拟信号，它允许给设备设置从 0V 和 3.3V 之间的不同电压，但实际上这并不像表面那么简单。本书主要介绍软件编程，而不是硬件，所以不过度涉及电路的复杂性，而主要关注编程。理解电路的基本概念有助于明白发生了什么及其原因。

4.1　数字输出

Photon 板有 D0~D7 和 A0~A5 的一系列引脚。所有这些引脚都默认为输出引脚，但可在固件上配置它们，使它们成为输出引脚，并且可以控制输出设备。

为理解数字输出引脚的工作方式，下面做一个简单实验，可在 Photon 板的一个数字引脚上进行。这个实验要使用基本的数字万用表和一些原型电缆，如表 4-1 所示。

表 4-1 元件和硬件

描述	附件
Photon 板	M1
电路实验板	H1
跨接线	H2
数字万用表	H3

这个实验使用数字引脚 0，看看会发生什么。把 Photon 板插入电路实验板(breadboard)，确保引脚插入中间桥接器(bridge)的两端，防止短路(这会潜在地伤害开发板)。在电路实验板上，把一条跨接线(jumper wire)插入数字引脚 D0 旁的小孔中，另一条跨接线插入 GND 引脚旁的小孔中，以闭合电路。图 4-1 显示了引脚和跨接线的布置。如果万用表有鳄鱼夹(crocodile clip)，就确保跨接线的端部是裸露的，使鳄鱼夹与跨接线的端部连接起来。万用表也可能没有鳄鱼夹，但这不是问题——只需要把跨接线的端部裸露得更多一些，再将跨接线缠绕在探针(probe)的端部。如有必要，缠上一些电工胶带，以确保安全。

把万用表的范围设置为 0~20V DC，因为我们知道 Photon 输出 3.3V。万用表的负极导线(黑色)应总是连接到 Photon 板的 GND 引脚上，正极导线(红色)应连接到 Photon 板的数字引脚 D0 上。

下面是要加载到 Photon 板上的固件：

```
int digitalpin = D0;

void setup() {

  pinMode(digitalpin, OUTPUT);

}

void loop() {

  digitalWrite(digitalpin, HIGH);
```

```
    delay(1000);

    digitalWrite(digitalpin, LOW);

    delay(1000);

}
```

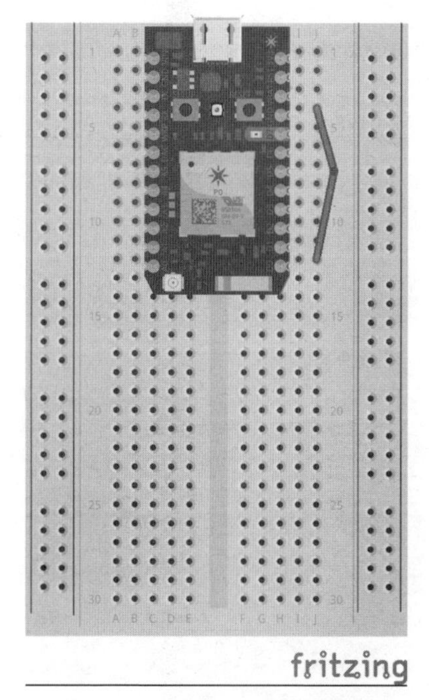

图 4-1 测量 Photon 上的数字输出

在程序开头，setup 和 loop 函数中包含命令 pinMode。每次使用 Photon 上的引脚时，无论是输入引脚还是输出引脚，都要使用这个命令。它可让 Photon 板配置连接该引脚的电子元件，使用固件中的简单命令控制它。

如上一章所述，某些函数是内置的，pinMode 就是其中之一。它的第一个参数是函数使用的引脚号。这个引脚号是用数字表示的整数值。第二个参数是模式，其值是 INPUT 或 OUTPUT。

注意：

模式值总是大写。

程序的循环部分将 Photon 板上的数字引脚切换为 HIGH，等待一秒的延迟，再把引脚设置回 LOW，等待一秒，之后重复该过程。

把万用表插入 Photon 板，万用表打开，就应能看到固件运行时，万用表的读数在 0V 到 3.3V 之间变化，如图 4-2 所示。这是显示数字引脚如何工作的一种简单方式，因为把参数设置为 HIGH 或 LOW，数字引脚就使用命令 DigitalWrite 发送 0V 到 3.3V 的电压。

图 4-2　将输出设置为 HIGH

阅读下面的内容，将很容易理解如何使用简单的命令和基本电路，通过 Photon 板控制电子设备和元件。

4.1.1 打开和关闭 LED

从前面的实验中退出，下面将使用相同的原理，但这次要用 LED 和电阻器(resistor)建立一个电路，使 LED 打开和关闭。

毫无疑问，LED 是本书的项目中最常用的部件之一。它们很便宜，很容易从本地的电子器件店中买到(参见附件 A 中的供应商列表)。LED 有两极，这意味着把它连接到电路的方式是很重要的。LED 上的正极引脚称为阳极(anode)，负极引脚称为阴极(cathode)。如果查看 LED 塑料外壳的顶部，通常会看到其外壳有一个平面，这个平面就是阴极。确定哪一端是阳极，哪一端是阴极的另一种简单方式是查看 LED 的引脚长度。较长的引脚总是阳极，较短的引脚是阴极。

在所有类型的 LED 中，电流(current)只沿一个方向流动：从阳极到阴极。因此，阳极应总是连接到电源上。在这里的示例中，它就是 Photon 板上数字引脚的电压(voltage)输出：3.3V。LED 还常与电阻器一起使用。电阻器没有两极，因此不必担心如何把电阻器连接到电路中。表 4-2 显示了这个实验要使用的元件。

表 4-2 元件和硬件

设计原理图	描述	附件
M1	Photon 板	M1
	电路实验板	H1
	跨接线	H2
D1	5mm 的 LED	S1
R1	220 Ω 的电阻器	R1

我们需要把 LED 连接到 Photon 板的引脚 D0 上，为此，可将 LED 插入电路实验板，如图 4-3 所示。

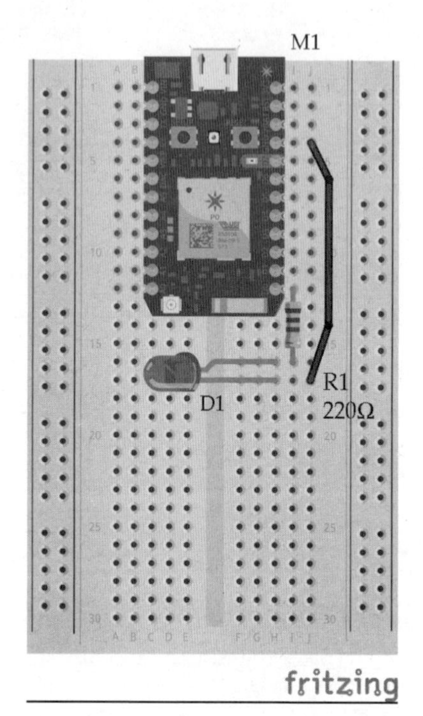

图 4-3　LED 电路的电路实验板布局图

不要忘了，还需要串联电阻器，用作限流器(current limiter)，防止损坏 LED 或 Photon 板。电阻值越大，限制的电流就越多，LED 就越暗。把电阻器连接到引脚 D0 上，另一端连接到 LED 的阳极(较长的引脚)上。把一条跨接线和 LED 的阴极引脚连接到 Photon 板的 GND 引脚上(参见图 4-3 和图 4-4 来连接电路)。

对于这个实验，使用的程序与前面使用 DigitalWrite 函数的程序(设置输出为 HIGH 或 LOW 来测试电压输出)一样。

```
int digitalpin = D0;

void setup() {

 pinMode(digitalpin, OUTPUT);
```

```
}

void loop() {
  digitalWrite(digitalpin, HIGH);
  delay(1000);
  digitalWrite(digitalpin, LOW);
  delay(1000);
}
```

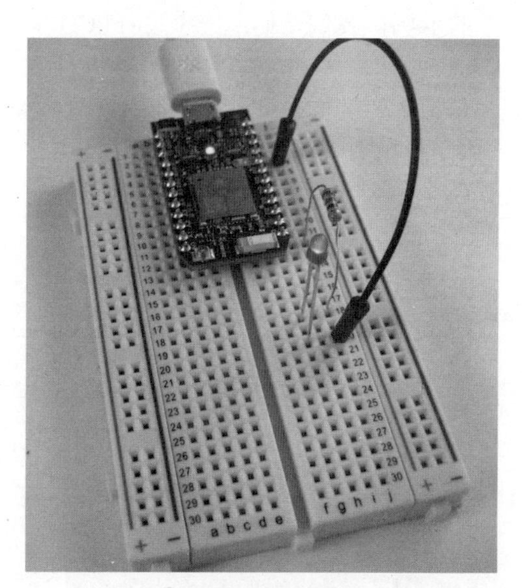

图4-4 连接了LED的Photon

把这个程序加载到Photon上，看看会发生什么。LED打开一秒，再等待一秒后关闭。这是一个简单程序，说明了使用Photon板输出的基本原理。

4.1.2　LCD 显示器

使用像 Photon 板这样的内嵌设备，优点之一是它可独立于计算机来执行。但如果希望显示信息，使用内嵌板就相当困难，有时简单的交通灯 LED 系统都不显示信息。在完成的产品中，一个常见的元件是液晶显示器(LCD)，可用于显示较复杂的信息，例如传感器的值、时间信息、设置或进度条等。在下面的实验中，要学习如何把标准 LCD 显示器连接到 Photon 板上，如何给它编程，显示与项目相关的信息。还要查看可以用构建环境找到的已有的库，把它们导入项目，以便在编写程序时节省一些时间。

为完成本章的示例，我们要使用一个平行LCD屏，这是常见的LCD屏，常可从地下室里多年废弃不用的旧电子元件中找到，例如旧VCR或DVD播放器。它们的形状和大小各不相同，最常见的是16×2字符的显示器，有单排14个引脚；如果有背光(backlight)，就有16个引脚。这个配置最多显示32个字符，分2行显示，每行16个字符。

如果 LCD 显示器没有焊接好的引脚，就需要焊接一个，以便将其插入电路实验板，再使用跨接线连接到 Photon 板上。将引脚成功焊接到 LCD 显示器后，它就应如图 4-5 所示。

图 4-5　将引脚成功焊接到 LCD 显示器

准备好 LCD 显示器后，下一步将其连接到 Photon 板上，这可能有点困难，甚至令人迷惑。所有标准 LCD 显示器都有相同的引脚输出功能，可用两种不同的模式连接：4 脚和 8 脚模式。对于这个示例，可将 LCD 显示器连接到 4 脚模式中，这会提供完成项目的足够选项，并允许在显示器和 Photon 板之间通信。还需要有引脚支持显示，把显示器设置为命令模式或字符模式，设置读写功能。表 4-3 显示了每个引脚及其功能。

表 4-3 平行 LCD 引脚

引脚号	引脚名	引脚的功能
1	VSS	接地
2	VDD	+5V
3	V0	对比度调整
4	RS	寄存器选择
5	RW	读/写
6	EN	启用
7	D0	数据线 0
8	D1	数据线 1
9	D2	数据线 2
10	D3	数据线 3
11	D4	数据线 4
12	D5	数据线 5
13	D6	数据线 6
14	D7	数据线 7
15	A	背光的阳极
16	K	背光的阴极

下面详细分析引脚的连接，大多数内容都可在厂家给该类型的 LCD 显示器提供的数据表中找到：

- 对比度调节引脚(contrast adjustment pin)改变显示器的暗度。它连接到电位计(potentiometer)的中心引脚上，以便随时调整它。
- 寄存器选择引脚(register selection pin)把 LCD 设置为命令或字符模式，这样 LCD 显示器就知道如何解释通过数据线传送进来的下一组数据。根据这个引脚的状态，发送给 LCD 显示器的数据是一个命令或字符。
- RW 引脚总是连接到 GND 引脚，因为我们只是写入 LCD 显示器，而不是读取数据。
- EN 引脚用于告诉 LCD 显示器，我们准备发送数据。
- 数据引脚 4~7 用于实际传输数据，而数据引脚 0~3 是断开连接的。
- 一些 LCD 显示器有各种颜色的背光。可像 LED 那样把它连接到 Photon 上，使用阳极和阴极引脚与一个电阻器串联起来。

可将 LCD 显示器的数据引脚连接到 Photon 板的任意数字输出引脚上。通常，最好将它们按特定顺序全部连接起来。在这个实验中，它们连接到 Photon 板上，如表 4-4 所示。

表 4-4 数据引脚连接到 Photon 板上

LCD 引脚	Photon 引脚
RS	D0
EN	D1
D4	D2
D5	D3
D6	D4
D7	D5

现在知道需要把什么引脚连接到 Photon 板上了，就可按图 4-6 连接 LCD 显示器，这个实验需要的硬件参见表 4-5。

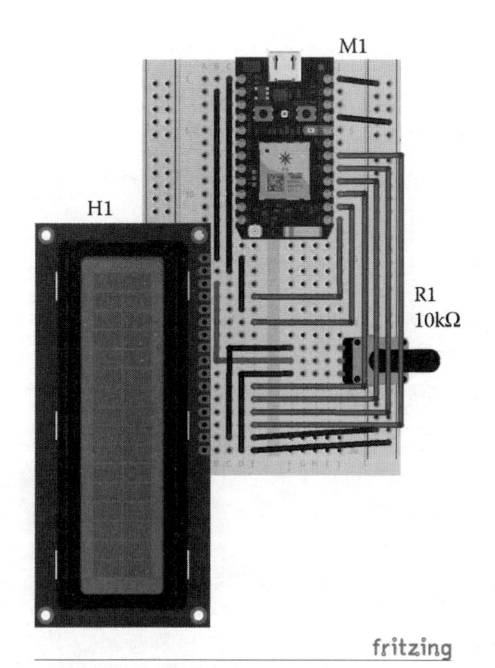

图 4-6 LCD 显示器的电路实验板布局图

表 4-5 元件和硬件

设计原理图	描述	附件
M1	Photon 板	M1
	电路实验板	H1
	跨接线	H2
H1	16×2 的 LCD 显示器	H4
R1	10K 的电位计	R2

注意：

如果 LCD 显示器需要 5V 的背光，就可以将其连接到 Photon 板的 VIN 引脚上，它参照通用串行总线(USB)的输入电压。

LCD 显示器准备就绪后，就可以编码，开始在屏幕上显示一些文本了。电位计用于调整文本和背景的对比度，使文本易于读取。

Particle 集成开发环境(IDE)包括了 LiquidCrystal 库，它是一组预定义的函数，以便与所使用的平行 LCD 显示器交互操作。LiquidCrystal 库有许多功能，包括光标闪烁、滚动文本、创建定制字符、改变打印方向。这个实验不会显示所有这些功能，但提供了需要的工具，以便理解如何使用最常用的函数和功能与 LCD 显示器交互操作。

为将这个库导入程序，需要导航到左边的 Libraries 选项卡，如图 4-7 所示。在搜索框中输入 liquidcrystal，或在分组库的顶部列表中找到该库。

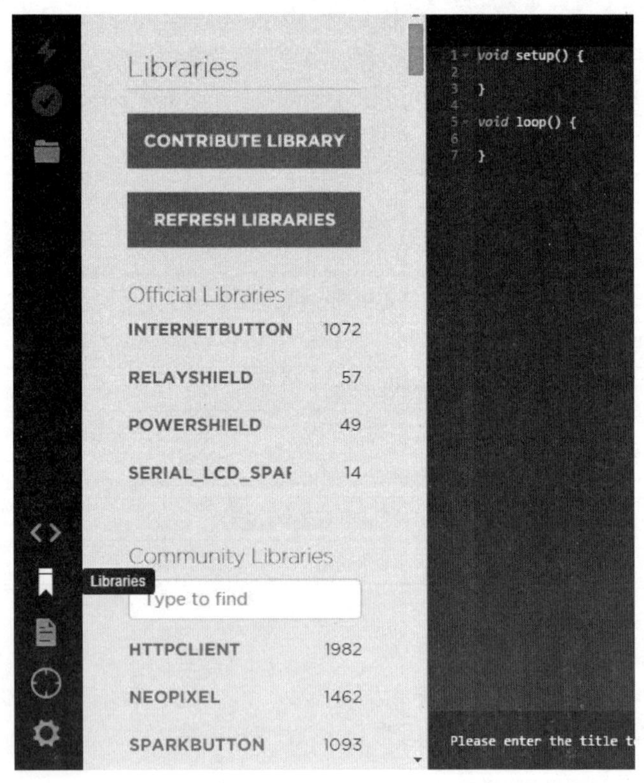

图 4-7 Particle 库

打开 LiquidCrystal 库，点击 Include In App 按钮，选择要包含该库的程序。如果还没有创建这个程序，就创建新的空白程序，保存为 LCD Display 或其他名称。之后，程序就会添加如下代码：

```
#include "LiquidCrystal/LiquidCrystal.h"

void setup() {

}

void loop() {

}
```

其余程序如下所示：

```
#include "LiquidCrystal/LiquidCrystal.h"

LiquidCrystal lcd(D0, D1, D2, D3, D4, D5);

void setup() {
  // set up the LCD's number of columns and rows:
  lcd.begin(16,2);
  lcd.clear();
  // Print a message to the LCD.
  lcd.print("Particle Photon");
  //Move cursor to the second line
  lcd.setCursor(0, 1);
  lcd.print("Getting Started");
}

void loop() {

}
```

在这个示例中，给 LCD 显示器的第一和第二行添加了一些文本。这演示了如何初始化显示器、如何写入文本、如何移动光标。首先，如前所述，包括 LiquidCrystal 库：

```
#include "LiquidCrystal/LiquidCrystal.h"
```

接着初始化一个 LCD 对象，如下：

```
LiquidCrystal lcd(D0, D1, D2, D3, D4, D5);
```

LCD 初始化的参数表示连接到 RS、EN、D4、D5、D6 和 D7 上的 Photon 引脚。在 setup 中，调用了库的 begin()函数，用字符大小设置 LCD 显示器。这个命令的参数表示列数和行数：

```
lcd.begin(16,2);
```

完成这个启动过程后，就可以调用 print()函数和 setCursor()命令，把给定的文本打印到 LCD 显示器的特定位置。屏幕上的位置从屏幕左上角(0,0)开始索引。setCursor()的第一个参数指定列数，第二个参数指定行数。起始位置总是默认为(0,0)。所以如果调用第一个命令 print()时没有先改变光标位置，就从屏幕左上角开始打印。

注意：

这个库没有检查要打印的文本是否能放在显示器中，所以应确保文本在 16 个字符的限制之内。

这个实验很好地演示了如何使用 LCD 显示器显示信息。显示器也可显示传感器信息，例如温度和湿度，以及日期和时间戳。现在就可以尝试显示其他信息了。

4.2 模拟输出

前面介绍了数字输出的控制，下面该理解 Photon 板上的模拟引脚了。尽管控制数字元件是很棒的，但如果希望更准确地控制它们，例如 LED 的亮度或电机的速度，该怎么办？使用数字系统一般是做不到的，但使用简单的数字模拟转换器(DAC)芯片和脉宽调制(PWM)是能做到的。

4.2.1 脉宽调制

首先看看如何使用 PWM，它在大多数单板计算设备(如 Photon)中很常见。这种方法允许模仿模拟信号，来生成模拟值。Photon 板上有 5 个模拟引脚，它们都生成 PWM 信号，标记为 A0~A5。

下面回到本章的第一个实验：打开和关闭 LED。我们要使用这个电路，但不是把 LED 连接到数字引脚 D0 上，而将它连接到引脚 A0 上，如图 4-8 的电路实验板布局图所示。

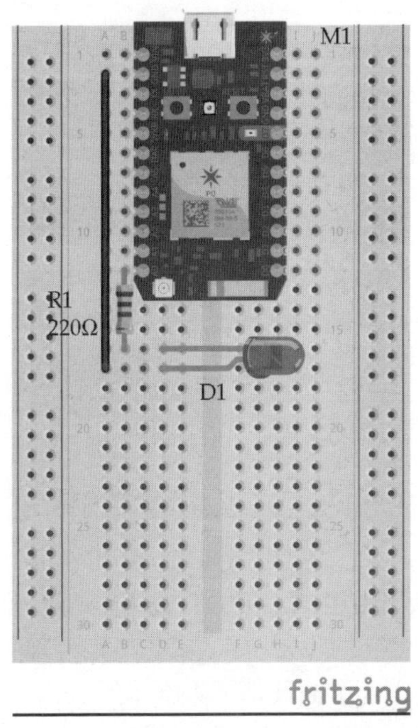

图 4-8 LED 连接到 Photon 板的模拟引脚上

因为使用的是 Photon 板的模拟引脚，所以需要使用函数 analogWrite()生成 PWM 信号，改变 LED 的亮度。Photon 板的模拟引脚是 8 位值，这表示可写入 0~255 的值，如下所示。

```
int ledPin = A4;

void setup() {
  // nothing happens in setup
  pinMode(ledPin, OUTPUT);
}

void loop() {
  // fade in from min to max in increments of 5 points:
  for(int fadeValue = 0 ; fadeValue <= 255; fadeValue ++)
{
    // sets the value (range from 0 to 255):
    analogWrite(ledPin, fadeValue);
    // wait for 30 milliseconds to see the dimming effect
    delay(30);
  }

  // fade out from max to min in increments of 5 points:
  for(int fadeValue = 255 ; fadeValue >= 0; fadeValue --)
{
    // sets the value (range from 0 to 255):
    analogWrite(ledPin, fadeValue);
    // wait for 30 milliseconds to see the dimming effect
    delay(30);
  }
}
```

运行程序，看看会发生什么。LED 应从关闭变成打开，然后从打开变成关闭。这是因为 for 循环中的模式会无限重复下去。在第一个 for 循环中，i++是 i=i+1 的缩写形式，它总是给 i 的值加 1。同样，i--从 i 的值中减 1；第一个循环把 i 的值加到 255，第二个循环把它减到 0。

PWM 信号控制可用在许多场合，尝试模拟电子设备的纯模拟控制。它非常适于驱动以各种速度运转的设备(例如 DC 电机)；但不太适于驱动扬声器(speaker)，除非用其他电子元件驱动它以平滑信号。如图 4-9 所示为 PWM 信号在各阶段的情形。

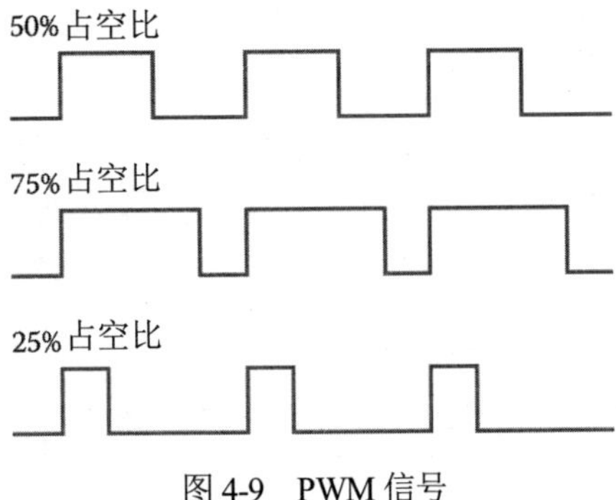

图4-9 PWM信号

PWM 的工作方式是调制出方波的占空比。占空比是指方波处于高位的时间百分比。函数 analogWrite()根据传送给它的值设置方波的占空比：

- 用 analogWrite()写入值 0 表示，方波的占空比是 0%，即 LED 关闭。
- 用 analogWrite()写入值 255 表示，方波的占空比是 100%，即 LED 总是打开。
- 用 analogWrite()写入值 127 表示，方波的占空比是 50%，即 LED 较暗。

下面考虑这里发生了什么。我们没有把电压改为 0~3.3V 之间的值；只是根据切换它的频率(占空比)，以很高的频率从 0V 切换到 3.3V。查看 LED 时，甚至不会注意到切换，因为切换速度很快，处理速度却不够快，LED 仅有点暗或有点亮。

4.2.2 DAC

在 Photon 板上生成模拟信号的另一种方式是使用内置的 DAC 引脚，即 A5 引脚和 DAC 引脚。DAC 生成与其当前输入成正比的输出电压，非常快速、准确。这会使项目具备常规 PWM 没有的更多灵活性，例如音频输出，且能过滤掉可能的任何数字噪音。

下面尝试前面使用 PWM 使 LED 变暗的实验，但这次使用 Photon 板上的 DAC 引脚。这两种方法之间可能没有显著差别，但使用 PWM

使 LED 变暗时，有时会出现某种闪烁，尤其是值接近 0 时。而使用 DAC，就完全不应出现任何闪烁，亮度应很平滑地降低。可使用 analogWrite()函数写入 DAC 12 位输出引脚的值在 0 到 4095 之间。Photon 板会检查自己是否有 DAC 引脚，如果有，就执行 HAL_DAC_Write，而不是 HAL_PWM_Write；这将使功能和编码易于使用：

```
int ledPin = DAC;

void setup()  {
  // nothing happens in setup
  pinMode(ledPin, OUTPUT);
}

void loop()  {
  // fade in from min to max in increments of 5 points:
  for(int fadeValue = 0 ; fadeValue <= 4095; fadeValue ++)
{
    // sets the value (range from 0 to 4095):
    analogWrite(ledPin, fadeValue);
    // wait for 30 milliseconds to see the dimming effect
    delay(30);
  }

  // fade out from max to min in increments of 5 points:
  for(int fadeValue = 4095 ; fadeValue >= 0; fadeValue --)
{
    // sets the value (range from 0 to 4095):
    analogWrite(ledPin, fadeValue);
    // wait for 30 milliseconds to see the dimming effect
    delay(30);
  }
}
```

在这个示例中，只需要将引脚号改为 DAC，通过它把 LED 连接到 Photon 板上，如图 4-10 所示。我们还需要修改值，因为现在可使用的取值范围不只是 0~255，而是 0~4095。如果希望获得更平滑的输出，也可使用 delay 函数，不断降低它，直至得到需要的效果为止。

图 4-10 LED 连接到 Photon 板的 DAC 引脚上

既然 DAC 能得到更好的输出，为何要使用 PWM？首先，使用 PWM 未必需要额外的硬件，使用自然的模拟信号是较便宜的方式。DAC 设备通常需要某种芯片或额外的硬件——有些微控制器内置了该硬件，而另一些微控制器则没有。

4.2.3 控制伺服电机

DC 电机是非常好的驱动电机，但不适合精确的工作，因为它们没有反馈。如果不使用某种编码设备，就无法确定 DC 电机的确切位置。伺服电机(servo motor)比较独特，因为可命令它旋转到特定位置，停留在那里，直到让它执行其他动作为止。使用伺服电机的一个好例子是驱动门锁。

使用舵机(servo)时，要考虑两种不同的类型：标准和连续旋转。标准舵机从 0 运转到 180 度。舵机控制通过发送特定长度的脉冲来实现。脉冲的长度确定了舵机旋转到的特定位置。这是因为在舵机中有一个小电位计来测量其位置，去掉该电位计，舵机就会自由地连续旋转。

与标准的 DC 电机不同，伺服电机有 3 个引脚：电源(红)、接地(黑或褐)和信号(白或橙)。电线按颜色编码，通常是按顺序的，如图 4-11 所示。

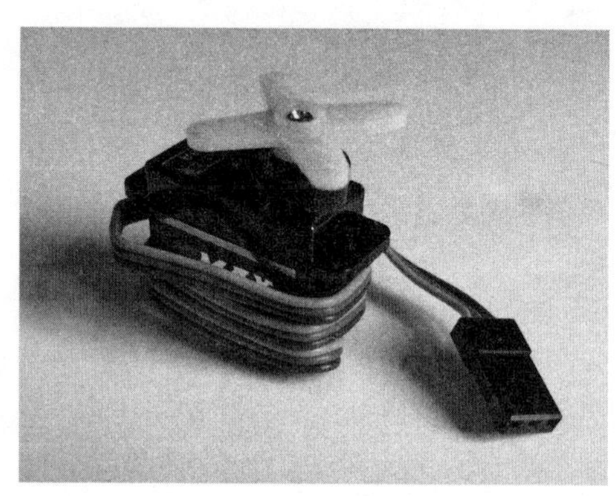

图 4-11　伺服电机

与标准的 DC 电机不同，伺服电机有专用的控制引脚，它告诉舵机要旋转到哪个位置。舵机的电源和接地线应总是连接到电源上。舵机使用信号线上的可调节脉宽来控制。对于标准的舵机，发送 1ms 的 5V 脉冲会使舵机旋转到 0 度，发送 2 ms 的 5V 脉冲会使舵机旋转到 180 度。一旦把脉冲发送给舵机，它就会旋转到指定的位置，并停留在那里，直到我们发送另一个脉冲信号，指示它旋转到另一个位置。如果希望舵机停留在其位置上，即不进行任何移动，就需要每隔 20ms 再次发送相同的命令。

在这个实验中，我们要使用从 0 旋转到 180 度的标准伺服电机，使用一个简单的电位计控制它。我们要读取电位计的值，从一个值改为另一个值时，伺服电机会相应地旋转。因为从电位计中读取的值和要写入舵机的值是完全不同的，所以可使用一个简单的编程技术，缩小这个值。用于这个实验的硬件如表 4-6 所示。

表 4-6　硬件和元件

设计原理图	描述	附件
M1	Photon 板	M1
	电路实验板	H1
	跨接线	H2
	伺服电机	H5
	10K 的电位计	R2

将舵机连接到 Photon 板上是很简单的：将黑或褐色电线连接到任意接地引脚(GND)上，把红色电线连接到 5V 引用引脚(VIN)上，最后把黄色电线连接到一个模拟引脚上，这实际上使用了 PWM，因为我们要给舵机发送脉冲。电位计以类似方式连接，它的一个引脚连接到接地引脚，另一个引脚连接到 3.3V，中间的引脚通常连接到 Photon 的一个模拟输入引脚上，以便读取其值。电位计和舵机的连接如图 4-12 所示。

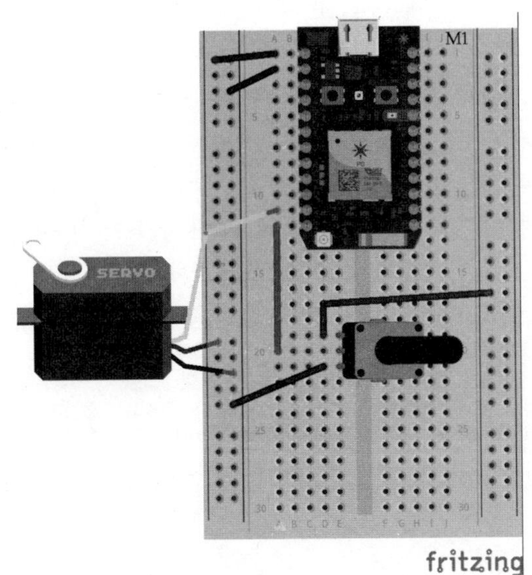

图 4-12　舵机实验的电路实验板布局图

下面看看控制舵机的代码：

```
int potPin = A0;
int servoPin = A1;
Servo myservo;

void setup()
{
  myservo.attach(servoPin);
}

void loop()
{
  int reading = analogRead(potPin);
  potPin = map(potPin, 0, 1023, 0, 180);
  myservo.write(potPin);
}
```

一般情况下，使用 Arduino 平台时，必须在程序中包含#include<servo.h>库，但它默认已经在后台上包含进来了，所以第一行代码是不必要的——程序在调用时已经查找 servo 函数了。我们首先需要在程序中创建一个对象，这样只要告诉伺服电机执行某个操作，就总是调用 myservo。在 setup()中，连接舵机会初始化控制所需的所有对象。用不同的名称创建不同对象，给它赋予另一个模拟引脚，就可以添加多个舵机。在 loop()中，会读取电位计，使用 map()函数缩小该读数。map()函数把一个取值范围作为参数，并使用整数算术把它改为另一个取值范围。需要限制值域时，这是一个很有用的函数：

```
Map(value, fromLow, fromHigh, toLow, toHigh);
```

一旦读取并缩小了读数，就把它写入舵机，使用 PWM 引脚发送脉冲，来固定舵机的位置。程序中有一个短暂的延迟，以确保舵机到达指定位置，之后给舵机发送另一个命令，让它到达新位置。最终的实验如图 4-13 所示。

图 4-13　舵机的位置

4.3　小结

这就完成了本章的 Photon 板数字和模拟输出，现在应能很好地理解数字和模拟引脚的工作方式，以及可使用哪些类型的电子元件建立项目。我们还学习了编写数字和模拟值的一些语法，以及如何控制伺服电机，如何创建和连接一个对象。下一章与输出紧密相关，使用某种形式的输入设备或电子元件控制这些输出。

第 5 章 输 入

本章将给一些输入设备编程，例如开关(switch)、温度传感器(temperature sensor)等。输入设备一般用于触发某个输出或事件。简单的开关只能用于打开或关闭某个物体，例如发光二极管(LED)。用作输入设备的传感器可用于监控温度或某种气体，触发它后，它可启动一系列事件，或仅收集数据，并用某种可视化方式显示出来。本章还介绍读取和检测输入时使用的一些基本编程技术，读者可将这些技术用于自己的项目。我们将讨论数字和模拟输入，数字系统只返回 0 或 1，模拟输入使用某种模拟数字转换，返回 0~4095 之间的值。本章将完成如下内容：

- 理解如何读取数字和模拟输入
- 使用不同类型的输入设备进行实验
- 了解用 Particle 编程语言来编码的更多内容

5.1 数字输入

上一章使用 digitalWrite()时，LED 会处于两种不同的状态：HIGH 和 LOW。使用数字输入时，开关也有这两个状态：HIGH 和 LOW。读取数字输入的状态时，输入可能连接到 3V3，这表示 HIGH 状态，也可能接地，这表示 LOW 状态。把简单的按钮开关连接到 Photon 上，就很容易通过按下按钮，来改变数字输入的状态。

如图 5-1 所示，简单的按钮开关非常适用于数字输入实验，也是很便宜的元件——建立自己的电路时，就可以考虑使用它。按钮开关可以直接插入电路实验板的卡槽(gap)两端。这个开关是很常见的元件，应熟悉它，因为它包含在几乎每个电子工具包中。查看图 5-1 中的开关，顶部的两个引脚连接在一起，底部的两个引脚也连接在一起。按下按钮时，两组引脚就在电路中连接起来，电路就闭合了。

图 5-1　按钮开关

下面使用小按钮开关在 3V3 和 Photon 上的一个数字引脚之间建立连接和断开连接，在要上载到 Photon 的固件程序中配置该数字引脚。如果只是把该开关直接连接到 Photon 板上，当开关没有闭合时就会出问题，因为输入引脚没有连接任何元件。这称为悬空(floating)，在读取开关的状态时，很容易得到错误读数。建立开关电路时，读数需要更准确，为此应使用所谓的下拉电阻(pull-down resistor)。

现在考虑电路中有下拉电阻但按钮未按下的情形。输入引脚通过一个10K电阻接地。尽管电阻会限制电流，但仍足以确保输入引脚读取LOW逻辑值。10K是一个常见的下拉电阻值。电阻值必须足够低，才能抗电子干扰，同时它还必须足够高，才能在开关闭合时防止过度的电流损耗。按下按钮时，输入引脚会通过按钮直接连接到3V3，在这个电路中，电流有两个选项：

- 可通过0电阻流至3V3
- 可通过高电阻流至接地引脚

把开关连接到Photon上时，需要一个下拉电阻，确保输入连接到Photon板的接地引脚。表5-1列出了这个示例需要使用的元件。

表5-1　元件和硬件

设计原理图	描述	附件
M1	Photon板	M1
	400孔电路实验板	H1
	跨接线(M-M)	H2
R1	10K电阻	R3
S1	按钮开关(触觉开关)	H6

为将电路连接到Photon板上，把按钮开关(push-button switch)插入电路实验板，如图5-1所示。如果发现不容易将开关插入电路实验板，可能是方向不正确——应将它旋转90度。使用一条跨接线把Photon上的数字引脚0连接到按钮开关的一个顶部引脚上。用另一条跨接线把按钮开关的一个底部引脚连接到Photon的3V3引脚上。使用10K电阻(褐、黑、橙和金环)把开关的顶部引脚连接到接地引脚上，这就是下拉电阻，如图5-2所示。图5-3是电路实验板的布局图。

图 5-2 把按钮开关连接到 Photon 上

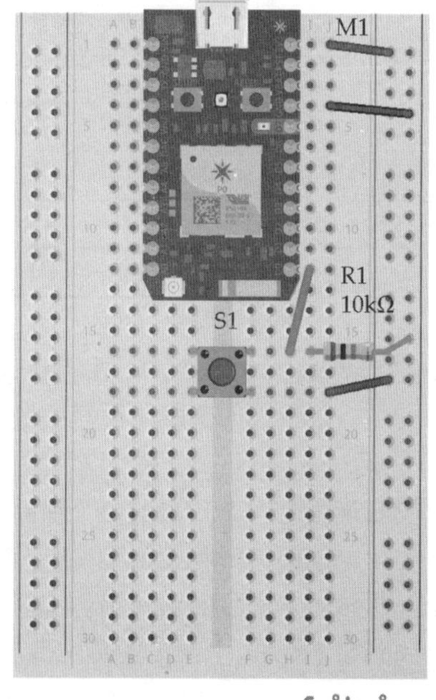

图 5-3 连接开关按钮的电路实验板布局图

下面是基本的数字输入代码，其中使用按钮开关作为输入设备，打开板上的LED，LED连接到数字引脚7上，作为输出：

```
int pushbutton = D0;
int led = D7;

void setup() {
   pinMode(pushbutton, INPUT);
   pinMode(led, OUTPUT);
}

void loop() {
   int buttonstate = digitalRead(pushbutton);
   if (buttonstate == HIGH){
        digitalWrite(led, HIGH);
   }
   else {
      digitalWrite(led, LOW);
   }
   delay(100);
}
```

下面将详细讨论代码，以便理解它的作用：

- 把按钮(引脚D0)作为输出，LED(引脚D7)作为输入
- 读取按钮的状态，存储在变量state中
- 如果按钮的状态是HIGH或连接到3V3上，就打开LED或设置为HIGH
- 如果按钮的状态是LOW，就关闭LED或设置为LOW
- 暂停程序100ms，减慢输出

把这个程序上载到Photon上，按下电路实验板上的开关时，应看到板上LED亮了。释放按钮时，LED就灭了。

digitalRead()

在代码中可学习的主要函数是digitalRead()，它检查引脚的值，该值在参数中引用。这个示例引用了数字引脚 D0，并调用 pushbutton来检查按钮是连接到3V3还是接地。digitalRead()返回HIGH或LOW，

并将该值存储在变量 state 中。

注意示例在setup函数中使用pinMode()把数字引脚0设置为输入。这是必需的，这样 Photon 就知道如何处理这个引脚，并允许在该引脚上使用 digitalRead()函数。

digitalRead()的语法如下：

```
digitalRead(pin);
```

digitalRead()的参数如下：

pin 指数字引脚编号

digitalRead()返回 HIGH 或 LOW

1. 本地和全局变量

在前面的代码示例中，变量在 setup 和 loop 函数的外部声明，这些变量总是称为全局变量，因为它们很容易在 setup 和 loop 函数中访问和改变。在代码示例中，loop 函数声明了一个新变量：

```
irt state = digitalRead(pushbutton);
```

在代码块中调用变量时，只能在该块中访问它。这称为本地变量，因为它位于一个函数中。程序在 Photon 上运行时，如果执行完某个代码，则该块中的任何本地变量都会自动释放内存，以便将内存用于下一个代码块中的其他变量。

2. 消除抖动

按下开关按钮时，从 1 变成 0 应只发生一次。但实际并非如此。有时按钮开关的引脚连接在一起时，释放按钮时它们会抖动，生成静态信号。按下一次按钮现在就变成两次或多次按下，这取决于按钮开关。这些都发生在极短的时间内——按钮处于按下状态的总时间不会超过 200ms。大多数触觉类型的开关根本不可能抖动；但非常旧的开关可能出现多次抖动。有时这些抖动不会影响代码的结果。例如，在前面的代码中，我们检测到一次按钮的按下操作，这会打开 LED。消除抖动对结果没有影响，因为释放开关时，开关会稳定下来，LED 会关闭；这只需要几毫秒的时间，所以我们注意不到消除抖动的效果。

消除抖动使结果不同于期望值的一种情形是在每次按下按钮开关时，都打开或关闭 LED。按下按钮时，LED 会打开并处于打开状态；再次按下按钮，LED 就关闭，并处于关闭状态。如果按钮在每次按下时都会抖动，LED 是打开还是关闭就取决于抖动的次数是奇还是偶。使用与前面实验相同的电路，尝试把下面的程序刷新到 Photon 上：

```
int ledpin = D7;
int ledValue = LOW;

void setup() {
pinMode (D0, INPUT);
pinMode (ledpin, OUTPUT);
}

void loop() {
   if (digitalRead(D0) == HIGH) {
      ledValue = ! ledValue;
      digitalWrite(ledpin, ledValue);
   }
}
```

按下按钮几次，看看发生了什么。注意按下按钮，而 LED 没有按照期望的那样打开或关闭，但再多按几次，LED 就会打开或关闭。如前所述，这就是消除抖动起作用的一个好示例。尝试加载下面的代码，新添加的代码用粗体显示：

```
int ledpin = D0;
int ledValue = LOW;

void setup() {
pinMode (D1, INPUT);
pinMode (ledpin, OUTPUT);
}
```

```
void loop() {
    if (digitalRead(D1) == HIGH) {
        ledValue = ! ledValue;
        digitalWrite(ledpin, ledValue);
        delay (200);
    }
}
```

再按下按钮几次，注意到区别吗？这次在程序中插入短暂的延迟后，程序工作得很好。这是因为一旦程序寄存了开关的第一个按下操作，就会延迟程序，之后再次检查，以防开关有另一次抖动。

有时编写代码时，可能需要反转 HIGH 或 LOW 的值。为此，可使用！或 not 布尔逻辑运算符：

```
ledValue = ! ledValue;
```

在程序中可使用这个语句反转 LED 的值。一开始把 LED 值设置为全局变量，其值是 LOW，所以该等式表示“ledValue 等于非 LOW”，因此变成 HIGH。使用 digitalWrite()时，用于打开 LED 的值是 HIGH。

5.2 模拟输入

如前所述，对于数字输入，从数字设备中获得的信息是 HIGH 或 LOW，ON 或 OFF。但有许多设备可使用一个范围的值，例如刻度盘、滑块、温度传感器等。Photon 上的模拟输入提供的值域是 0~4095，这取决于电压。Photon 至多有 6 个模拟引脚，如图 5-4 所示。

Photon 上的模拟引脚接受 0~3V3 之间的任意电压。如前所述，因为我们使用的是数字系统，所以这些值要使用模拟数字转换器(ADC)转换为数字。ADC 是 Photon 板的一个功能。

我们不必详细了解 ADC 的工作原理，因为我们编写的软件会处理这个操作。

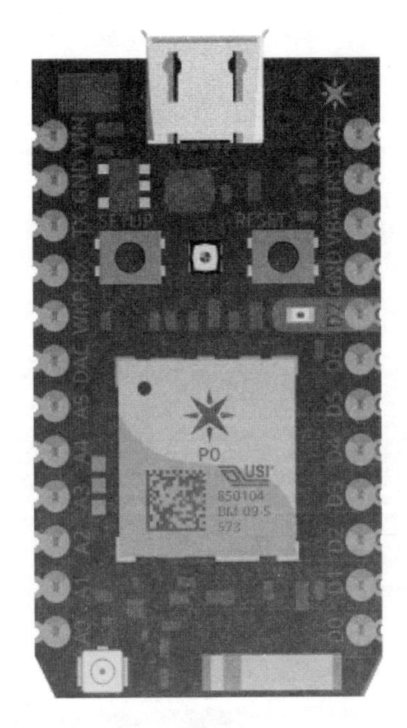

图 5-4 Photon 板上的模拟引脚

1. 读取电位计

可读取的最简单模拟传感器是电位计(POT)。它包含在大多数电子工具包中，非常普通、便宜，甚至可从旧消费电子产品中获得它，例如立体声(stereo)、扬声器、恒温器(thermostat)等。电位计是一个电压可变的分压器(voltage divider)，看起来像是刻度盘手柄(dial knob)，如图 5-5 所示。它们的大小和形状各不相同，但都使用 3 个引脚。在这里的实验中，要把一个输出引脚连接到接地引脚上，另一个输出引脚连接到 3V3 上。电位计也是对称的，即如何连接到接地引脚和 3V3 上并不重要，只要它不是中间引脚即可。中间引脚应连接到 Photon 的模拟引脚上，如图 5-5 和图 5-6 所示。

图 5-5 连接到 Photon 上的电位计

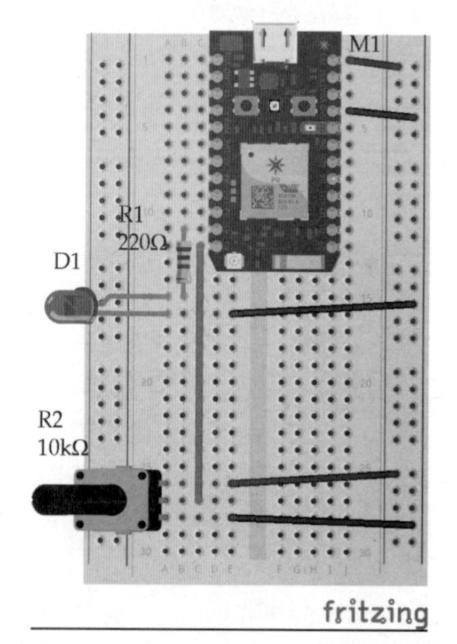

图 5-6 读取电位计的电路实验板布局图

转动电位计，可改变直接接入 Photon 的模拟引脚的电压，其范围是 0~3V3。如果手头有数字万用表，就可以确认转动手柄时的值——只把万用表的值改为电压，把红探针(正)连接到 POT 的中间引脚上，黑探针(负)连接到 POT 接地的那一端。

下面是读取模拟输入并使用该值生成一些输出的基本代码示例：

```
const int POT = A0;
const int led = A1;
int val = 0;

void setup() {
pinMode(led, OUTPUT);
pinMode(POT, INPUT);
}

void loop() {
int val = analogRead(POT);
int ledval = map(val, 0, 4095, 0, 255);

analogWrite(led, ledval);

delay(200);
}
```

下面将详细讨论代码，以更好地理解其作用：

- 创建一个整数变量 val，并赋值 0。
- 把模拟读数(其范围是 0~4095)缩放到模拟输出值(其范围是 0~255)
- 把电位计的值写入 LED
- 暂停几 ms，重复该过程

2. analogRead

digitalRead()返回 HIGH 或 LOW，同样，analogRead()也返回一个值，但不是 HIGH 或 LOW，而是 0~4095 之间的一个整数值。该值表

示 0~3V3 之间的电压。

返回值可存储在变量中，用于以后的代码，或在下面的 if 语句中使用：

```
if (analogRead(POT) > 2000 {
   analogWrite(led, 129);
}
```

在这个代码中，analogRead 值存储在变量 val 中。

analogRead()的语法如下：

```
analogRead(pin);
```

参数是 Pin，把传感器连接到 Photon 上的模拟引脚。

analogRead()返回 0~4095 之间的一个整数值，表示接地和 3V3。

3. 常量

代码中引入了几个新的编程概念，后面可以使用它。前面使用变量把引脚号存储在内存中，但在固件里要使用常量：

```
const int POT A0;
```

这像变量一样，给整数值创建一块内存 POT，来存储引脚值 A0。它看起来很像变量，但其实不是——顾名思义，使用常量时，不能改变或编辑赋予它的值。需要把一个值存储在内存中，且这个值在代码中永远不应更改时，就可以使用常量。如果改变代码，就会在验证代码时出错。

4. map()

analogRead()的返回值是 0~4095 之间的一个整数值，但有时需要把这个值域缩小到可管理的范围。本示例要做的是从电位计中接收值，再使用 analogWrite 把该值写入 LED。analogWrite 函数的值域是 0~255，不能直接写入 POT 的值，因为 POT 的值太大了。为此，可使用函数 map()把值缩小到可使用的范围。使用如下代码可缩小输入值：

```
int ledval = map(val, 0, 4095, 0, 255);
```

函数 map()负责把一个值域缩放为另一个值域。我们使用的输入值域是 0~4095，输出值域是 0~255。如果手工计算这个缩放值域，就很复杂，有时难以计算，还可能返回无限递归的值。

map()的语法如下：

```
map(input, inform, inTo, outFrom, outTo);
```

map()的参数如下：

- input：要缩放的输入值
- inform：输入值域的第一个数
- inTo：输入值域的第二个数
- outFrom：输出值域的第一个数
- outTo：输出值域的第二个数

map()返回从 outFrom 到 outTo 之间的一个值。

很容易修改 map()函数，把一个值转换为 0~100 之间的百分数——只需要改变输出值。

5. 可变电阻

大多数模拟传感器的工作方式都与电位计类似，都是在电阻改变其值时计算不同的电压值，这称为可变电阻(variable resistor)，它抵抗电路中的电流。一个好示例是简单的光敏电阻(light-dependant resistor)或光电池(photocell)，如图 5-7 所示。它们会根据接收到光线的多少来改变电阻。光线增加时，电阻降低；因此电路中的电压会升高。光线减少时，电阻会增加，电压会降低。

为用 Photon 读取这类传感器，需要建立一个分压器电路，把它连接到 Photon 板的模拟输入引脚上。

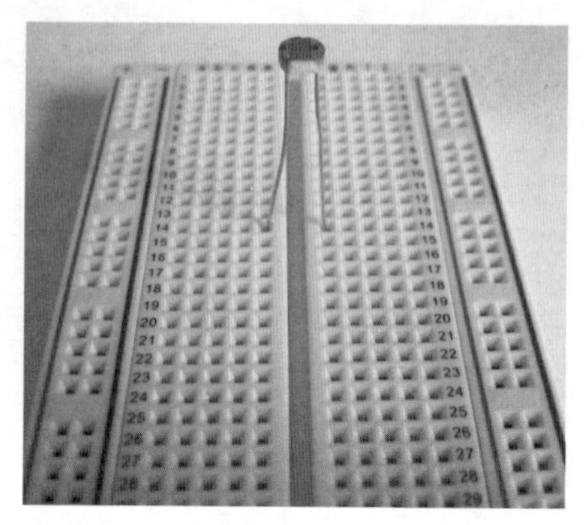

图 5-7 典型的光电池，用作可变电阻

6. 分压器电路

使用提供可变电阻功能的不同传感器时，需要建立一个分压器电路。分压器电路把可变电阻转换为可变电压，这样就可从 Photon 板的模拟输入引脚上读取它。在图 5-8 的设计原理图中，可以看到一个简单的分压器电路。

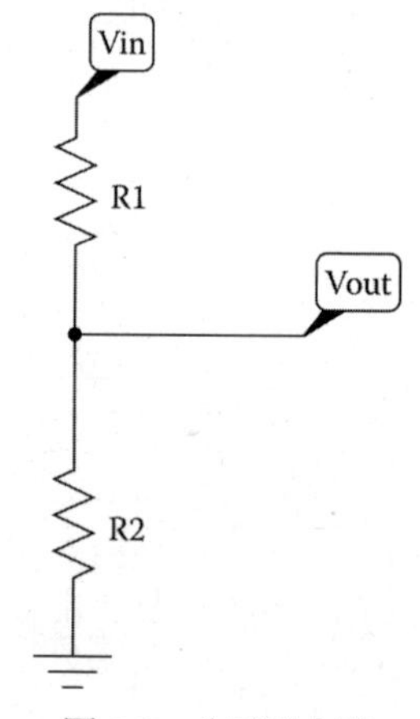

图 5-8 分压器电路

图 5-8 显示，在输入电压和接地端之间串联了两个电阻。在两个电阻之间还连接了一根电线，它是电压输出，是要从 Photon 板的输入

中读取的值。如果首先考虑固定的分压器，就可以理解分压器的工作原理。下面的数学计算式可以计算出分压器的值：

```
Vout = Vin(R2 / (R1 + R2))
```

在本例中，Photon 的电压输入是 3V3，电压输出连接到 Photon 板的一个模拟输入引脚上。如果使用 R1 和 R2 的电阻值(在本例中都是 10K)，根据上面的等式，3V3 除以 2，得到输出电压 1.65V。把这些值添加到等式中，如下：

```
Vout = 3V3 / (10 K(10 K + 10 K)) = 3V3 * 0.5 = 1.65 V
```

用可变电阻(如光电池)替换一个电阻，会发生什么？这里用 200K 的光电池替换电阻 R1。选择替换 R1 还是 R2，以及选择哪个值，都会影响整个值域和输出读数的精确性。应总是尝试电阻值的不同配置，找到最合适的、结果肯定可行的配置。

对于这个例子，我们了解一个光电池，用它确定 RGB(红绿蓝)LED 的颜色。把电路连接到 Photon 上，如图5-9所示。可使用表5-2中的元件。

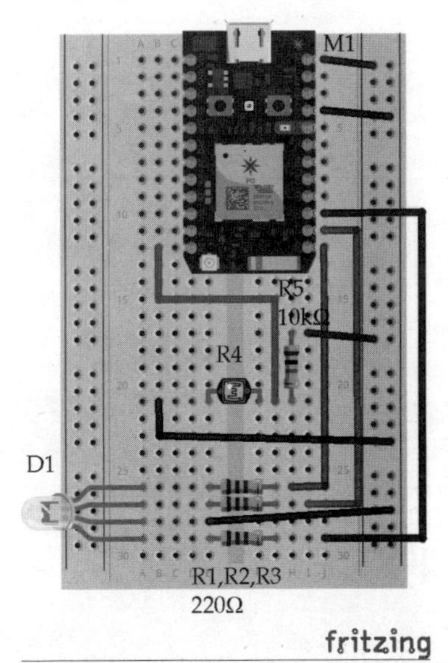

图 5-9　光电池分压器电路的电路实验板布局图

表 5-2　元件和设备

设计原理图	描述	附件
M1	Photon 板	M1
	400 孔电路实验板	H1
R4	光电池(200K)	R4
R5	电阻(10K)	R3
	跨接线	H2
D1	RGB LED	S3
R1,2,3	220 Ω 电阻	R1

下面是从光电池中读取光级(light level)的代码:

```
int red = D0;
int green = D2;
int blue = D1;

void setup() {
pinMode(red, OUTPUT);
pinMode(green, OUTPUT);
pinMode(blue, OUTPUT);

}

void loop() {
   int value = analogRead(A0);

   int percentage = map(value, 0, 4095, 0, 100);
   if (percentage < 33) {
      digitalWrite(green, HIGH);
      digitalWrite(red, LOW);
      digitalWrite(blue, LOW);
   }
   else if (percentage > 33 & percentage <66) {
      digitalWrite(green, LOW);
      digitalWrite(red, LOW);
```

```
        digitalWrite(blue, HIGH);
    }
    else if (percentage > 66) {
        digitalWrite(green, LOW);
        digitalWrite(red, HIGH);
        digitalWrite(blue, LOW);
    }
}
```

在 Photon 上运行程序，LED 应根据光电池接收到的光级显示不同颜色。尝试用手遮住光电池，看看颜色是否改变；接着照亮光电池，LED 应改变颜色。因为使用的是 RGB LED，所以可使用颜色的许多不同组合，不一定要使用三种不同的颜色——函数 digitalWrite 最多允许使用 6 种颜色。但是，如果使用模拟输出，可生成的颜色和阴影数将是无限的。

下面仔细研究代码，将它分解为下面的各个部分。在编写代码时，总是很容易把代码分解为不同的部分，因为这样更便于理解代码的执行，有问题时代码的调试也比较容易。

- 声明 RGB LED 上的数字引脚。用每个引脚表示的颜色标记它们。
- 用函数 digitalWrite 告诉 Photon，RGB LED 引脚是数字输出引脚。
- 读取光敏电阻的输入值，在变量 value 中存储为一个整数
- 使用函数 map()将输入值转换为百分数
- 使用 if 语句计算该值，确定打开、关闭 RGB LED 时的颜色
- 在代码的最后添加短暂的延迟

在固件中使用了 else if 函数，它允许在第一个条件为 false 的情况下检查另一个条件。其语法如下：

```
if (conditions A) {
    execute the code here if A is true
}
else if (condition B) {
```

```
            execute the code here if condition A is false and
condition B is true
        }
        else {
    execute the code here if both conditions A and B are both
false. This will always be the default option
    }
```

在代码中可使用任意多个 else if 语句，还可在代码链的最后添加 else 语句，如果所有条件都返回 false，就执行这个 else。

5.3 小结

本章介绍的编程功能用于控制 Photon 上的模拟和数字输入。这些编程函数是用 Photon 建立自己的项目的关键。现在读者应能使用输入和输出建立自己的电路。

下一章将使用 Internet 控制电路，从简单的命令行到 HTML 网站。

第 6 章 物 联 网

前面使用各种电子元件以及模拟和数字设备介绍了 Photon 板的编程基础知识，下面要学习如何通过 Particle 云控制这些设备。随着人们访问 Internet 和网络的日益增多，物联网也越来越重要。Photon 允许使用内置的 Wi-Fi 芯片把开发板连接到 Internet 上，这使开发板的用法有了无限多的可能。

本章将学习如何通过 Internet 进行控制，如何获得温度设备的读数并显示在 Web 上。为此，需要使用 Particle 函数，它是 Photon 云的一个重要部分。

6.1 函数

通常，访问 Internet 的编程设备非常复杂、耗时。幸好 Photon 使用比较简单的方法：在程序中通过函数，使用 Photon 设备的唯一标识符把信息推送到 Web。第一个示例会创建一个简单程序，使用 Internet 打开或关闭发光二极管(LED)。这有助于理解 Photon 云系统的工作方式，并将函数引入编程代码。

函数命令相当简单——它会自动关联到 Particle 设备上，去执行相应的操作。只要它接收到某个命令，就会运行程序中的脚本。给 Photon 板发送命令，实际上是要求给设备发送一个 HTTP post 请求。测试它的一个简单方法是使用简单的命令行工具 curl。如果使用 Mac 计算机或 Linux 设备，这个工具就已经安装在操作系统中了。可惜，如果使用 Windows 设备，就需要执行如下步骤，手动安装它。

打开默认的 Web 浏览器，进入 http://curl.haxx.se/download。向下滚动页面，找到 Windows 下载部分。下载 ZIP 文件，把内容解压到计算机的一个新文件夹中。点击“开始”，搜索 cmd，打开命令行提示。这会打开命令行提示，如图 6-1 所示。

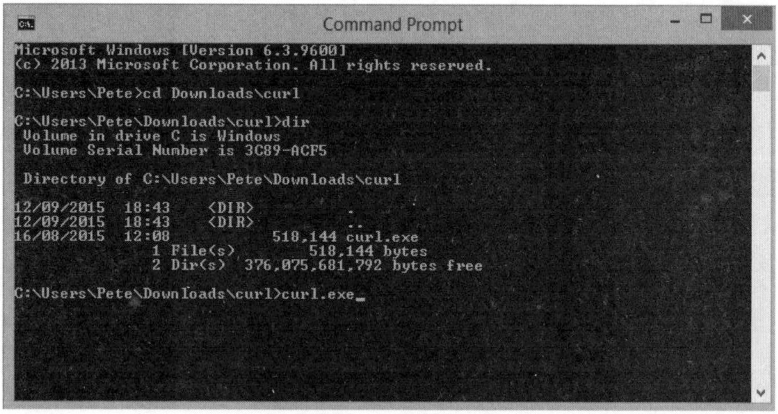

```
Command Prompt
Microsoft Windows [Version 6.3.9600]
(c) 2013 Microsoft Corporation. All rights reserved.

C:\Users\Pete>cd Downloads\curl

C:\Users\Pete\Downloads\curl>dir
 Volume in drive C is Windows
 Volume Serial Number is 3C89-ACF5

 Directory of C:\Users\Pete\Downloads\curl

12/09/2015  18:43    <DIR>          .
12/09/2015  18:43    <DIR>          ..
16/08/2015  12:08           518,144 curl.exe
               1 File(s)        518,144 bytes
               2 Dir(s)  376,075,681,792 bytes free

C:\Users\Pete\Downloads\curl>curl.exe_
```

图 6-1 Windows 命令行提示

把当前目录改为存储 ZIP 文件内容的目录。为此可输入 cd/file location/(见图 6-1)。之后就应能运行命令 curl，它会列出最初可使用的几个命令。命令 curl 用于发送 HTTP 请求，而不必使用 Web 浏览器。应先使用这个方法测试函数，之后开始构建网页。

6.1.1 通过 Internet 控制 LED

这个实验类似于第 4 章中的第一个数字输出实验。我们把 LED 连接到数字引脚 D0 上，通过 Internet 发送一个命令，来打开或关闭 LED。这是使用命令的基本原则，但理论上可使用它打开或关闭任意物体。要使用的硬件参见表 6-1，图 6-2 是电路实验板的布局图。

表6-1 使用的元件和硬件

设计原理图	描述	附件
M1	Photon 板	M1
	电路实验板	H1
	跨接线	H2
D1	5mm 的 LED	S1
R1	220Ω 的电阻器	R1

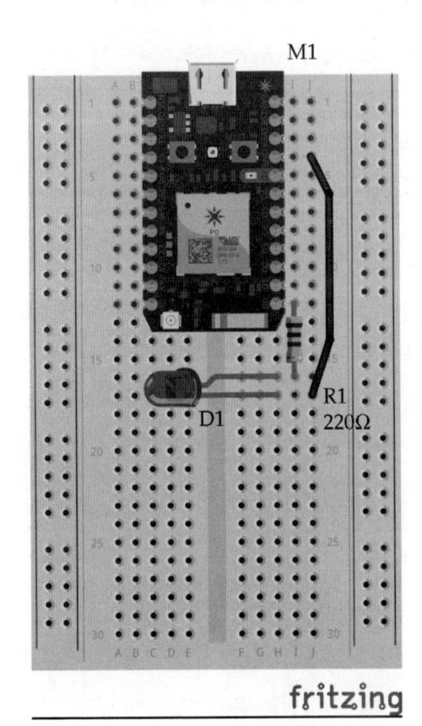

图6-2 LED 的电路实验板布局图

看看下面的代码，它通过 Internet 打开或关闭 LED：

```
int led1 = D0;

void setup()
{

  pinMode(led1, OUTPUT);

  Spark.function("led",ledToggle);

  digitalWrite(led1, LOW);

}

void loop()
{

}

int ledToggle(String command) {

   if (command=="on") {
      digitalWrite(led1,HIGH);
      return 1;
   }
   else if (command=="off") {
      digitalWrite(led1,LOW);
      return 0;
   }
   else {
      return -1;
   }
}
```

代码首先给数字引脚 D0 定义变量 led1，所以只要调用 led1，就是在调用引脚 D0。给引脚加上标记，便于了解使用的是哪个引脚，调试也会更高效。这个引脚也连接到 LED 上，用于打开或关闭 LED。

Setup 函数把 led1 定义为输出引脚，这样 Photon 板就知道，我们给该引脚发送命令时该如何处理。第二行声明了通过 Internet 调用的函数：

```
Spark.function("led",ledToggle);
```

这行代码定义了函数，指定名称 led。第二个参数是输出程序中的函数名，通过 Internet 调用 led 函数时，就会运行它。在开始打开或关闭 LED 前，需要确保 LED 最初处于关闭状态，使用如下命令把状态写入 LED：

```
digitalWrite(led1, LOW);
```

程序中 loop 函数为空，是因为我们创建了一个独立函数来捕获 led 命令，不需要在 loop 函数中监听它。接收一个来自 Internet 的消息而调用 LedToggle 函数时，该函数会接收一个字符串作为参数。在准备发送给 Photon 板的 HTTP 请求中，要确保使用正确的参数打开或关闭 LED。如果该函数接收 ON 或 OFF 值，就返回 1，表示成功接收到命令。如果所发出的命令没有成功接收，就返回-1，表示检查过程失败。

还要考虑将命令发送给 Photon 板的安全保护过程。这是一个重要过程，因为我们不希望 Internet 上的任何人都能打开设备，并开始给 Photon 板发送 ghost 命令。给 Photon 板发送命令时可以采取某些措施。为帮助保护设备，Photon 板要求令牌数量不超过两个。

第一个令牌是设备的唯一标识符——每个设备都有这个唯一的令牌号，以帮助识别设备，尤其是同时使用几个开发板时。为找到设备的 ID，可在 Particle 建立的集成开发环境(IDE)中检查设备，选择 Particle 设备，如图 6-3 所示。

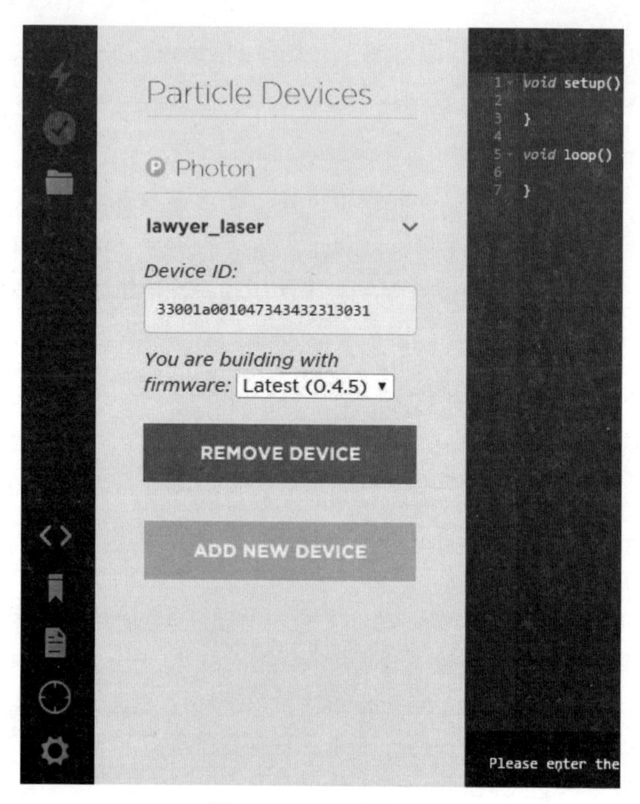

图 6-3 Particle 设备 ID

需要的第二个令牌链接到 Particle 账户上，而不是设备。可在 Particle IDE 的 Settings 菜单中找到这个令牌 ID，在该菜单中可看到访问令牌，如图 6-4 所示。

如有必要，可随时生成新的唯一访问令牌；万一其他人得到了自己的访问令牌，这就是一个很好的保护措施。我们需要这个令牌 ID 来发送 Web 请求，所以记下它，供以后使用。现在应看到如下内容：

```
Device ID=55ff740626785011390716 67
Access Token=cb8b348000e9d0ea9e354990bbd39ccbfb57b30
```

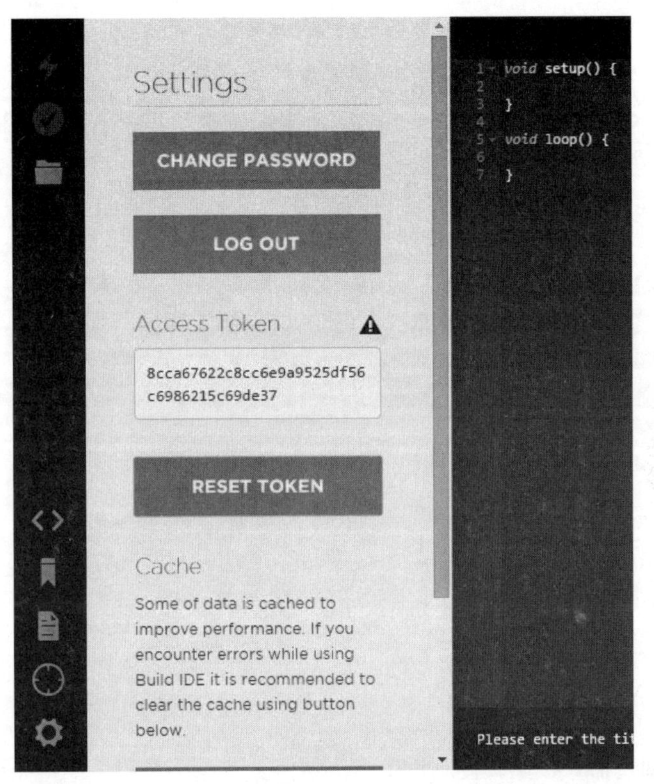

图 6-4 Particle 访问令牌 ID

我们有了所需的信息，程序在 Photon 上运行，等待发送过来的 led 命令。现在可给它发送一个命令，在命令行上使用 curl 打开 LED。为测试它，可发送如下命令：

```
curl https://api.particle.io/v1/devices/<deviceid>/led
-d access_token=<accesstoken> -d params=on
```

这个命令说明了如何使用 curl 发送 HTTP 请求，来控制 LED。但在此之前，需要用前面找到的自己的令牌 ID 修改设备 ID 和访问令牌。可将这个命令粘贴到使用 curl 的命令行上，如图 6-5 所示。

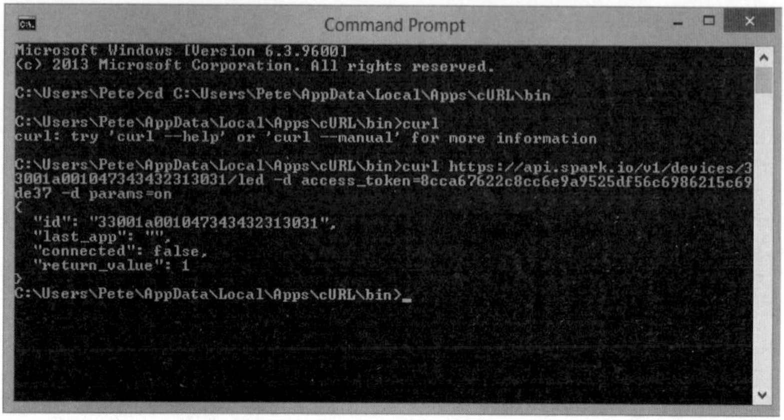

```
Command Prompt
Microsoft Windows [Version 6.3.9600]
(c) 2013 Microsoft Corporation. All rights reserved.

C:\Users\Pete>cd C:\Users\Pete\AppData\Local\Apps\cURL\bin

C:\Users\Pete\AppData\Local\Apps\cURL\bin>curl
curl: try 'curl --help' or 'curl --manual' for more information

C:\Users\Pete\AppData\Local\Apps\cURL\bin>curl https://api.spark.io/v1/devices/3
3001a001047343432313031/led -d access_token=8cca67622c8cc6e9a9525df56c6986215c69
de37 -d params=on
{
  "id": "33001a001047343432313031",
  "last_app": "",
  "connected": false,
  "return_value": 1
}
C:\Users\Pete\AppData\Local\Apps\cURL\bin>_
```

图 6-5　使用 curl 发送 HTTP 命令

如果一切正常，连接到 Photon 板的 LED 就应立即亮起，Photon 设备也应返回值 1 作为响应，说明命令成功。为再次关闭 LED，可发送与前面相同的命令，但将 ON 值改为 OFF，按下回车键。此时 LED 就应关闭。

Web 用户界面

通过命令行工具控制设备是测试函数和电路，确保一切如期运行的绝佳方式。但为了获得项目的最佳效果，最好用网页建立一个用户界面，通过 Web 浏览器控制 Photon，这样只要按下按钮，就会打开或关闭 LED，如图 6-6 所示。

注册函数变量时，就是在 Internet 上给它留出空间，类似于给使用 Web 浏览器导航到的网站留出空间。可在计算机上创建一个简单的 HTML 文档，其中包含的一些基本按钮会将命令发送给 Photon 板：

```
<center>
<br>
<br>
<br>
<form action="https://api.particle.io/v1/devices/
your-device-ID-goes-here/led?access_token=your-access-
```

```
    token-goes-here" method="POST">
    Tell your device what to do!<br>
    <br>
    <input type="radio" name="args" value="on">Turn the LED
on.
    <br>
    <input type="radio" name="args" value="off">Turn the LED
off.
    <br>
    <br>
    <input type="submit" value="Do it!">
    </form>
    </center>
```

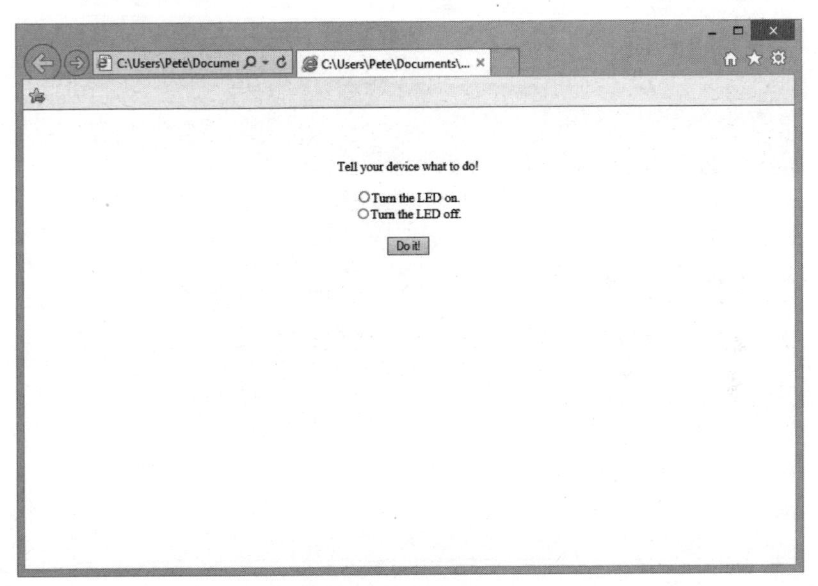

图 6-6 LED Web 浏览器界面

编辑 HTML 文档中的代码，把 your device id goes here 作为实际 ID，your access token 是访问令牌。可打开标准的文本编辑器，将这些代码保存为.html 文档，以便在 Web 浏览器中打开它。下面就在 Web 浏览器中打开.html 文档，Web 浏览器就会显示一个简单窗体，在该窗体上可选择打开或关闭 LED。点击 Do it 按钮时，就把信息传递给如下 URL：

```
https://api.particle.io/v1/devices/your-device-ID-goes
-here/led?acess_token=your-access-token-goes-here
```

所提供的信息是参数值 ON 或 OFF。它传递给前面注册的 spark.function 函数。发送该信息时，页面将发回信息，说明设备的状态，并告知已经成功发送给 Photon 板。如果希望返回，只需要点击浏览器上的“后退”按钮。

6.1.2　通过 Internet 读取值

了解了如何向开发板发送命令，来打开或关闭 LED，下面学习如何从传感器中读取数值，例如温度、湿度或光照。参阅第 5 章了解如何使用 Photon 板上的模拟引脚读取传感器的信息——这些引脚标记为 A0~A5。可将元件连接到模拟引脚上，这些引脚的电压在 0V~3.3V 之间；高于 3.3V 的电压会损坏 Photon 板和元件。从模拟引脚上读取信息是很简单的，如下面的代码所示：

```
int getvalue = 0;
int analogPin = A0;

void setup() {
   Particle.variable("analog", &getvalue, INT);
   }

void loop() {
   getvalue = analogRead(analogPin);
   }
```

程序开始于一个基本变量，它用于在网页请求 Photon 板上的函数时返回一个值。另一个函数用于识别要用于读取传感器或类似设备的模拟引脚，这里是 A0。在 setup 函数中，使用 spark.variable 把两个变量链接起来。第一个参数总是变量的名称(analog)，第二个参数标识传感器连接到 Photon 板上的变量(getvalue)，最后一个参数定义值的类型，即整数值。

把程序上传到 Photon 板上，来测试它。为此可使用 Web 浏览器，因为与函数不同，变量使用 HTTP GET 请求，这个请求很容易在浏览器中使用 URL 发出。所以打开浏览器，输入如下 URL：

```
    https://api.particle.io/v1/devices/<device
ID>/analog?access_token=<Access token>
```

请求页面应如图 6-7 所示。

https://api.spark.io/v1/devices/33001a0(
Apps Amazon Cloud Player Google Amazon.co.uk – Onli...


```
{
  "cmd": "VarReturn",
  "name": "analog",
  "result": 1295,
  "coreInfo": {
    "last_app": "",
    "last_heard": "2015-09-12T19:27:33.142Z",
    "connected": true,
    "last_handshake_at": "2015-09-12T19:26:54.599Z",
    "deviceID": "33001a001047343432313031",
    "product_id": 6
  }
}
```


图 6-7 浏览器中的 URL 请求

页面可上传几次，它会再次把 URL 请求发送给 Photon，此时应得到不同的值。目前，模拟引脚还没有连接任何元件，所以值是不确定的。

1. 读取光敏元件

在这个实验中，我们要使用一个简单的光敏电阻(photoresistor)来测量亮度级，并在一个美观的网页上显示该信息，如图 6-8 所示。

图 6-8 在 Web 浏览器中显示亮度级

这个项目要使用光敏电阻，当光强增加时，光敏电阻值会降低，反之，当光强降低时，光敏电阻值会增加。表 6-2 显示了这个实验要使用的元件和硬件。

表 6-2 元件和硬件

设计原理图	描述	附件
M1	Photon 板	M1
	电路实验板	H1
	跨接线	H2
R1	光敏电阻	R4
R2	10K 的电阻器	R3

图 6-9 显示了这个实验的电路实验板布局图。

电阻器和光敏电阻都可以连接到电路上，但它们都是非极化的。这个电路中的电阻器建立了分压电路。这是提取输入电压，使用两个值和一些算术得到理想电压输出的廉价方式。在电路中，把光敏电阻用作可变电阻，输出可在引脚 A0 上读取的电压。亮度改变时，电阻也会改变，因此改变了电压。一旦按图 6-9 中的电路实验板布局图建立了电路，就给 Photon 板供电，准备加载程序。

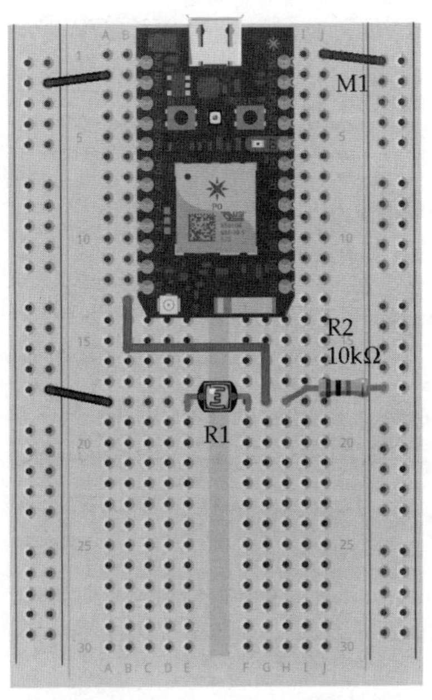

图 6-9 电路实验板布局图

这个实验要使用程序代码如下：

```
int reading = 0;
double volts = 0.0;
int analogPin = A0;

void setup() {
   Particle.variable("analog", &reading, INT);
   Particle.variable("volts", &volts, DOUBLE);
   }

void loop() {
   reading = analogRead(analogPin);
   volts = reading * 3.3 / 4096.0;
   }
```

查看代码，会发现它类似于上一个实验的代码，只是现在要在程序中使用两个变量。第一个变量与前一个例子相同，读取模拟引脚 A0 时会返回相同的值。第二个变量用于返回模拟引脚 A0 的实际电压值。在 loop 函数中，可使用一个简单数学式来计算电压。读取的值乘以 3.3V，再除以 4095(可在模拟引脚上读取的最大值)。

前面使用 HTML 打开和关闭 LED。它最大的问题是代码可由用户查看，而对于要在 Internet 上启动该网页的人而言，这会带来一些安全问题。如果只是测试函数，且只有自己能访问这些文件，则在本地服务器或自己的桌面计算机上使用 HTML 是没问题的。但为了安全起见，可在 HTML 中使用编程脚本语言来隐藏所有代码——更重要的是，这样会隐藏令牌和设备 ID。我们还添加了一个美观的小型图形用户界面，以更好地呈现数据；为此使用了一个简单的 JavaScript 插件(来自 www.justgauge.com)。这个实验的 HTML 代码如下：

```
    <html>
    <head>
    <script src="http://ajax.googleapis.com/ajax/libs/
    jquery/1.7.2/jquery.min.js" type="text/javascript"
    charset="utf-8"></script>
    <script src="raphael.2.1.0.min.js"></script>
    <script src="justgage.1.0.1.min.js"></script>

    <script>
    var accessToken = "your access token here";
    var deviceID = "your device id here"
    var url = "https://api.particle.io/v1/devices/" +
deviceID + "/volts";
    function callback(data, status){
       if (status == "success") {
          volts = parseFloat(data.result);
          volts = volts.toFixed(2);
          g.refresh(volts);
          setTimeout(getReading, 1000);
       }
       else {
```

```
        alert("uh oh!");
    }
}
function getReading(){
      $.get(url, {access_token: accessToken}, callback);
}
</script>
</head>

<body>
<div id="gauge" class="200x160px"></div>

<script>
var g = new JustGage({
    id: "gauge",
    value: 0,
    min: 0,
    max: 3.3,
    title: "Voltage",
    levelColors: [
         "#00FF00",
         "#FFFF00",
         "#FF0000"
         ]
});
getReading();
</script>

</body>
</html>
```

JavaScript库gauge从本地的.js文件(.js文件可从www.justgauge.com网站下载)中导入，为访问令牌和设备ID建立变量——确保修改它们，以匹配自己设备的令牌。调用JavaScript函数getReading，把HTTP请求发送给Photon板，再调用callback函数。HTTP请求响应时，会进行检查，确保发给Photon的请求是成功的，并检索电压值。接着调用g.refresh，用Photon板上的新电压读数更新计量器的显示。在Div ID

计量器中，可确定计量器的许多因素，如颜色、最大/小值和标记。当前脚本每秒读取一次光敏传感器(light sensor)的值；可将这个值改为更适当的数字，例如每30秒或每分钟读取一次，因为每秒更新读数太低效了。

在Web浏览器中打开HTML页面，就应看到当前的电压读数。用手遮住光敏电阻，电压值就会变低。如果将光敏电阻移至灯光附近或用某种光照射它，电压值就会升高。

这是读取带有电阻值的传感器的基本原则。还有其他类型的传感器可用于替代光敏电阻，例如气敏元件(gas sensor)甚至光敏电阻转盘(photoresistor dial)。

下一个实验要使用Maxim DS18b20数字芯片读取温度传感器。

2. 读取温度传感器

这个实验要使用上一个项目学习的内容读取简单的Maxim单线数字温度传感器。我们要给计量器使用相同的图形界面，但将参数改为显示温度，而非电压。图6-10中的网页显示了从数字温度传感器中读取的温度值。

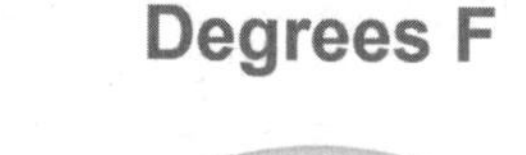

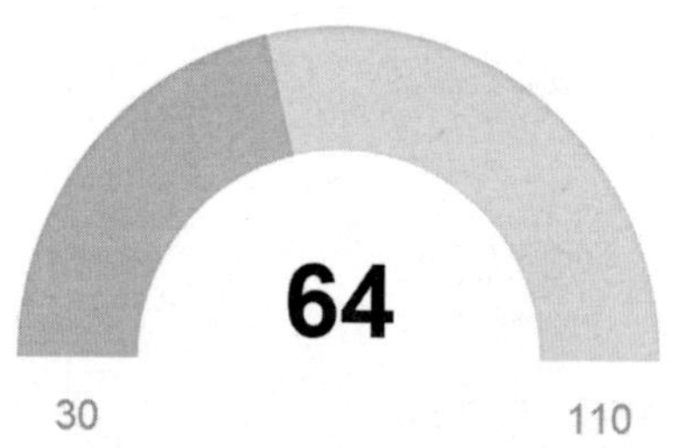

图6-10　通过Internet读取温度

这个实验使用Maxim DS18b20数字温度传感器，这种传感器有各种形状和大小，在集成电路(IC)中很常见。这个数字温度传感器可读取-55℃~125℃之间的温度，在恒温控制、工业系统或其他热敏系统中很常见。这个实验要使用的元件和硬件如表 6-3 所示。

表 6-3　元件和硬件

设计原理图	描述	附件
M1	Photon 板	M1
	电路实验板	H1
	跨接线	H2
S1	Maxim DS18b20 IC	S2
R1	4.7K 的电阻器	R5

按图 6-11 所示的电路实验板布局图建立这个电路。

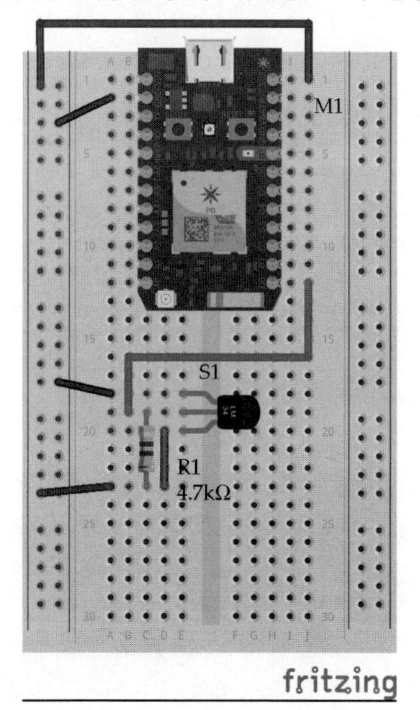

图 6-11　电路实验板布局图

电阻器用作下拉电阻，确保传感器上没有不合理的读数，而是提供更精确的读数。

下面看看用于读取温度传感器的程序代码：

```
#include "OneWire/OneWire.h"
#include "spark-dallas-temperature/spark-dallas-
temperature.h"

double tempC = 0.0;
double tempF = 0.0;

int tempSensorPin = D0;

OneWire oneWire(tempSensorPin);
DallasTemperature sensors(&oneWire);

void setup() {
    sensors.begin();
    Particle.variable("tempc", &tempC, DOUBLE);
    Particle.variable("tempf", &tempF, DOUBLE);
}

void loop() {
  sensors.requestTemperatures();
  tempC = sensors.getTempCByIndex(0);
  tempF = tempC * 9.0 / 5.0 + 32.0;
}
```

首先要注意，程序使用了两个不同的库，在程序顶部用#include语句来标识。从前面的实验可知，使用库，就不需要使程序代码过于复杂，而允许包含其他程序中的函数，却不必理解其复杂性。我们要使用 DS18b20 IC，它使用了单线串行通信，所以需要导入 OneWire库，该库可处理与数字温度传感器的所有通信。Spark-dallas-temperature 库处理在 Photon 板上读取温度的其他操作——有人已经为我们完成了这些工作。添加这些库的方式与以前一样：在 Web 浏览器上使用已建立的 IDE，导航到 Libraries 部分，如图 6-12 所示。可搜索

spark dallas temperature，将它添加到应用程序中。

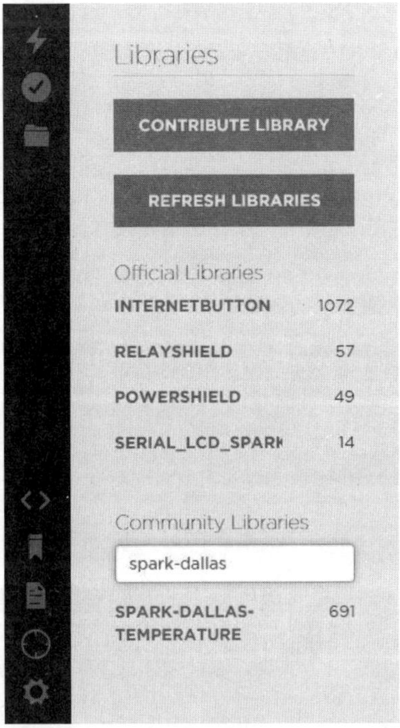

图 6-12 搜索 spark dallas temperature 库

为传感器定义了数字引脚后，就必须告诉程序，启动该引脚上的单线串行总线。之后的代码行告诉库，在把串行数据传递到温度传感器时使用这个界面。根据数字引脚的本质，可将多个传感器连接到同一个引脚上。

```
OneWire oneWire(tempSensorPin);
DallasTemperature sensors(&oneWire);
```

setup 函数定义了 spark 变量，来读取摄氏和华氏温度值，这说明，它们都可显示在 Web 上。还必须调用 sensors.begin()启动监控过程。loop 函数用于请求读数，并使用某些基本算式把值转换为需要的温度读数。首先调用的是 sensors.requestTemperatures()，它从温度传感器中获得读数。第二部分使用 sensors.getTempCByIndex(0)访问读数，并存储在变量 tempc 中；索引后的数字是传感器号，第一个传感器号是 0，第二个是 1，以此类推。只有在使用单线串行通信时同时使用多个传感器，才需要使用该函数。得到了摄氏温度值后，就可以使用标准公式把它转换为华氏温度。

网页类似于前面创建的光敏传感器，但要对所显示的属性做几个小改动：

```
var g = new JustGage({
   id: "gauge",
   value: 0,
   min: 30,
   max: 100,
   title: "Degrees F"
});
getReading();
```

需要改动计量器范围，以匹配温度传感器的范围，使华氏温度的最小值是 30，最大值是 100.如果希望显示摄氏温度，而不是华氏温度，就需要把下面的代码行：

```
    var url = "https://api.particle.io/v1/devices/" +
deviceID + "/tempf";
```

改为：

```
    var url = "https://api.particle.io/v1/devices/" +
deviceID + "/tempc";
```

在浏览器中打开 HTML 页面，就应能从 Photon 的传感器中读取温度值，如图 6-13 所示。

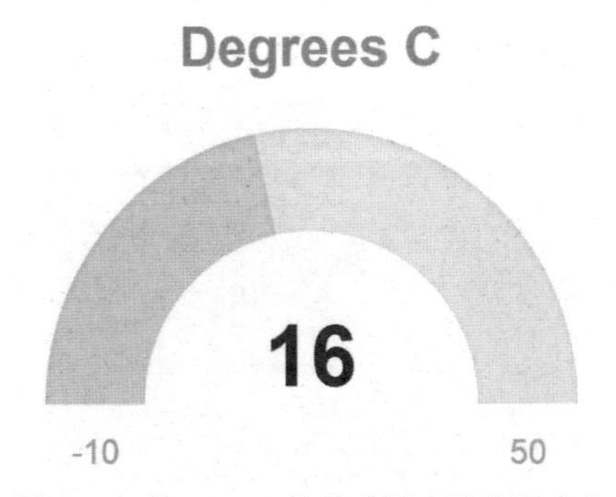

图 6-13 从 Photon 的传感器中读取温度值

3. 使用 HC-SR04 传感器测量距离

这个实验要使用 HC-SR04 超声波测距仪(ultrasonic range finder)，检测与某些东西的距离，并用作运动检测器(motion detector)，来确定物体何时靠得太近。这些传感器常在机器人中用于阻止机器人与物体相撞。

超音速传感器常使用一个传感器频繁发送脉冲，使用另一个传感器读取这些脉冲的反馈，并根据这些反馈的间隔时间确定物体的距离。这与回波定位(echolocation)的原理相同，蝙蝠就利用回波定位在晚上察觉前方的物体，海豚也使用回波定位检测其周围环境。这个实验使用的元件如表 6-4 所示。

表 6-4 元件和硬件

设计原理图	描述	附件
M1	Photon 板	M1
	电路实验板	H1
	跨接线	H2
H1	HC-SR04	M2

用于这个实验的超声波测距仪有 4 个引脚。其中两个用于连接 5V 电源和接地，另外两个标记为触发器和回应。触发器引脚激活非常短

的时间，在此过程中它会发送超音速脉冲。该脉冲返回范围探测器时，回应引脚会指出这一点。图 6-14 是这个实验的电路实验板布局图。

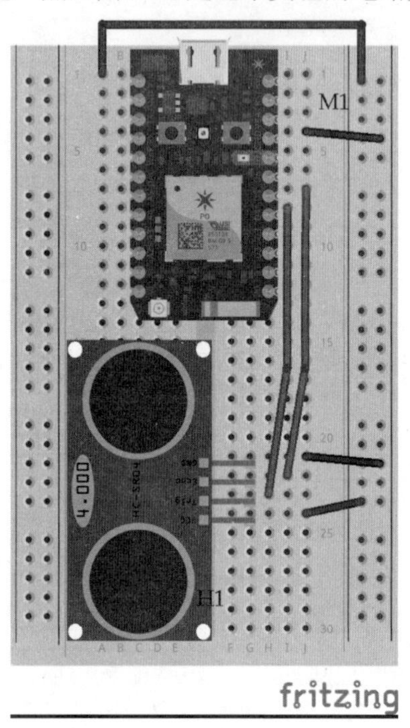

图 6-14　电路实验板布局图

下面看看在 Photon 板上使用的程序代码：

```
#include "HC_SR04/HC_SR04.h"

double cm = 0.0;
double inches = 0.0;

int trigPin = D4;
int echoPin = D5;

HC_SR04 rangefinder = HC_SR04(trigPin, echoPin);
```

```
void setup()
{
   Particle.variable("cm", &cm, DOUBLE);
   Particle.variable("inches", &inches, DOUBLE);
}

void loop()
{
   cm = rangefinder.getDistanceCM();
   inches = rangefinder.getDistanceInch();
   delay(100);
}
```

第一行代码导入 HC_SR04 库，以便使用其中的函数从传感器中获取距离。这个库可在 Particle 建立的 IDE 中找到，方法是搜索 HC SR04，把它导入程序。这个实验要提供两个选项，用于测量厘米值和英寸值，它们定义为 double 变量：

```
double cm = 0.0;
double inches = 0.0;
```

我们还给厘米值和英寸值创建了两个 spark 变量，以便在网页中调用需要的值。loop 函数每 1/10 秒检查一次距离，以准确更新值。HTML 页面类似于前面的实验，但有几处小改动：

```
<html>
<head>
<script src="http://ajax.googleapis.com/ajax/libs/
jquery/1.7.2/jquery.min.js" type="text/javascript"
charset="utf-8"></script>
<script src="raphael.2.1.0.min.js"></script>
<script src="justgage.1.0.1.min.js"></script>


<script>
var accessToken = "you access token here";
var deviceID = "you device id here"
```

```
    var distance_url = "https://api.spark.io/v1/devices/" +
deviceID + "distanceCM";

    function callbackDistance(data, status){
        if (status == "success") {
            dist = parseFloat(data.result);
            dist = dist.toFixed(2);
            dist_gauge.refresh(dist);
            setTimeout(getDistanceReading, 1000);
        }
    }

    function getDistanceReading(){
          $.get(distance_url, {access_token: accessToken},
callbackDistance);
    }
    </script>
    </head>

    <body>
    <div id="distanceGauge" ></div>

    <script>
    var dist_gauge = new JustGage({
        id: "distanceGauge",
        value: 0,
        min: 5,
        max: 250,
        title: "Rangefinder (cm)"
    });
    getDistanceReading();
    </script>

    </body>
    </html>
```

在 HTML 中，这里还需要改变值，使程序中的变量匹配 Photon。这个实验要测量厘米距离值，所以需要修改下面的 URL，以反映这一点：

```
var distance_url = "https://api.particle.io/v1/
devices/" + deviceID + "/distanceCM";
```

还需要修改计量器的脚本，把最大值/最小值改为范围探测器可检测的值。根据数据表，其范围是 5~250cm。在浏览器中加载网页时，如图 6-15 所示，应看到传感器与最近物体之间的距离。尝试将手移近传感器，刷新页面，页面上的值就会改变。

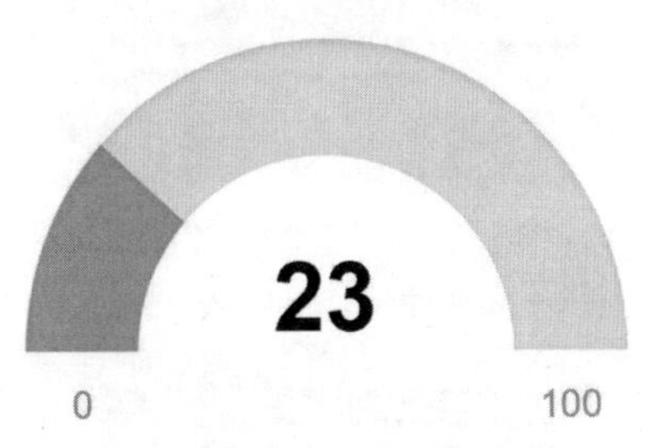

图 6-15 范围探测器的网页

6.2 小结

本章把数字 LED 输出和模拟传感器连接到 Photon 板上。我们学习了如何使用命令行界面和 Web 浏览器，通过某种基本的 HTML 编程语言打开和关闭数字输出。我们创建了一个很好的可视化元素，来显示光敏、温度和范围探测器的信息。现在用户应能把这些程序应用于任何给定的设备，通过 Internet 控制并创建自己的电子项目。

下一章要学习 Photon 的一些附加板，称为“防护板”。它们能极大地提升项目，而不必建立复杂的电路。

第 7 章

Particle 防护板的编程

本章学习 Particle 防护板和可用的扩充板，说明它们如何使项目更容易完成，而不必设计和测试电路。许多防护板都可用于帮助完成项目，包括稳压防护板、继电器防护板、JTAG、Arduino 防护板、大按钮等。下面将详细介绍它们，说明如何在项目中使用它们。

7.1 Shield 防护板

有时使用两个不同的电子设备时，它们因为使用不同的电压而不匹配。Photon 的数字和模拟引脚使用标准的 3.3V 标准，但比较传统的设备通常使用 5V，这将有可能损坏两个开发板。如图 7-1 所示的防护板会执行所有必要的电压转换，并提供有效的兼容 Arduino 足印，以便把插入已有的 Arduino 防护板或给其他 5V 设备编程。

防护板基于 Texas Instruments 集成电路(IC) TXB0108PWR，它负责处理 Particle Photon 的 3.3V 和 5V 逻辑的所有电压转换。这只适用于数字引脚，不适用于模拟引脚，模拟引脚仍使用 3.3V。

注意：

任何时候都不要超过 3.3V，否则可能损坏开发板。

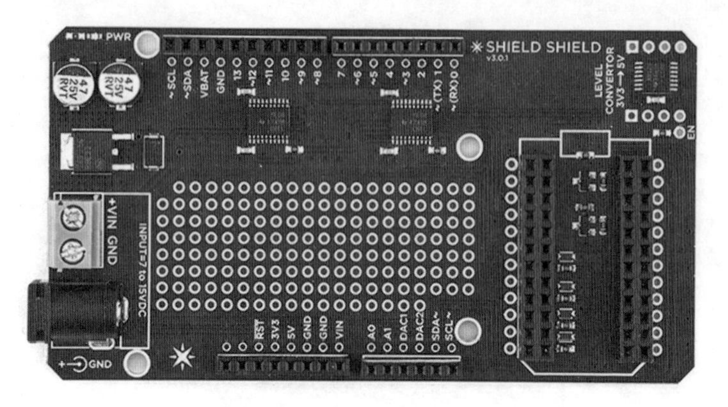

图 7-1　Shield 防护板

这个防护板还有板上稳压器(voltage regulator)，很容易使用 7~15V 的直流电源。仍可以使用 Photon 板上的 USB 端口给防护板供电，但最大为 500mAh。

注意，Shield 防护板中间的所有点是小项目的原型区域，希望定期测试某种元件时，这个区域是比较有用的。还要注意，Shield 防护板的一个缺点是，它只能在较短距离内驱动负载，所以，线路较长，会引入电容负载，导致自动检测方向的失败，进而使 Shield 防护板失效。但是，板上 74ABT125 缓冲器可在一个特定方向上驱动较大负载——使用简单的跨接线连接到要转换为 5V 的输入/输出(IO)引脚上，图 7-2 列出了给 Shield 防护板映射的引脚，表 7-1 给出了引脚标记。

表 7-1　Shield 防护板的引脚标记

防护板	Photon	外设
0	RX	Serial1 RX, PWM
1	TX	Serial1 TX, PWM
2	A2	SPI1_SS

(续表)

防护板	Photon	外设
3	WKP	PWM,ADC
4	D6	
5	D0	SDA,PWM
6	D1	SCL,PWM,CAN_TX
7	D7	
8	A5	SPI1_MOSI,PWM
9	A4	SPI1_MISO,PWM
10	D5	SPI3_SS
11	D2	SPI3_MOSI,PWM,CAN_RX
12	D3	SPI3_MISO,PWM
13	D4	SPI3_SCK
A0	A0	ADC
A1	A1	ADC
A2	DAC1	DAC,ADC
A3	DAC2	SPI1_SCL,DAC,ADC
A4	D0	SDA,PWM
A5	D1	SCL,PWM,CAN_TX

如表 7-1 所示，Shield 防护板没有把 Particle 的引脚精确映射到 Arduino 的引脚上，换言之，Photon 上的引脚 D0 不匹配 Arduino 防护板上的引脚 D0。

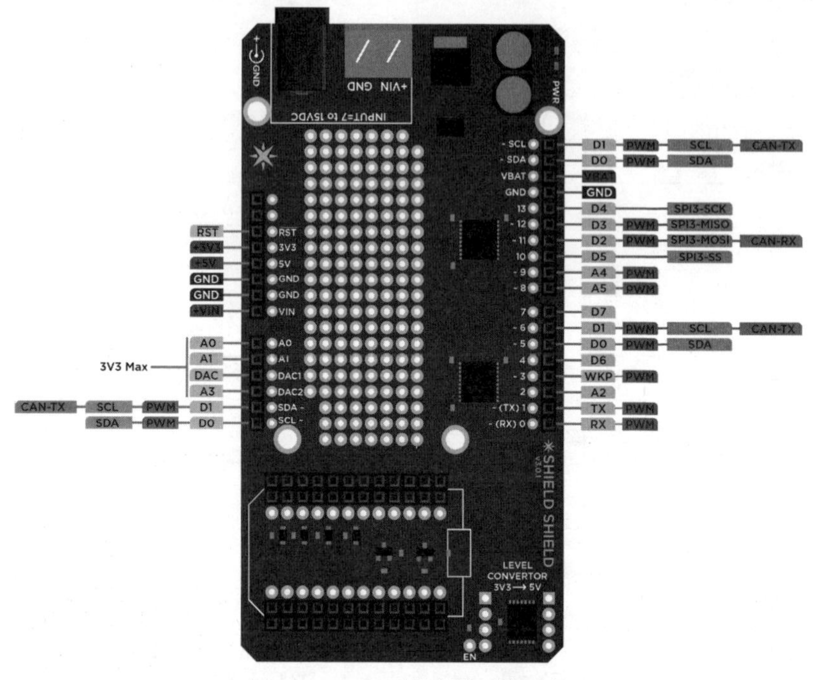

图 7-2 Shield 防护板的引脚映射

7.2 继电器防护板

继电器防护板(relay shield)允许使用 Photon 板控制任意电子设备。可以打开和关闭电子器件(electrical appliance)，通过 Internet 控制它们，例如灯、咖啡机(coffee machine)或电压较高的设备。继电器防护板有 4 个开关，其最高值是 220V、10A，允许控制低于 2000W 的任意电子设备。继电器防护板还不限于器件，其他应用也可将继电器用于较高的电压。图 7-3 是继电器防护板的布局图，注意在开发板的一边还有一个区域，用于对一些小型电子元件或连接器建立原型，例如温度传感器或可开关灯的光敏传感器。

继电器防护板在 Particle 设备上提供了 5V 的稳压电源，还提供了 5V 的电源来控制继电器的开关，但没有给继电器控制的设备提供电源。继电器防护板使用起来很简单——它有 4 个继电器，分别由 Photon 板上的 D3、D4、D5 和 D6 引脚控制。每个继电器都由 NPN 晶体管(transistor)触发，控制来自 Photon 板的信号，切换继电器线圈(relay coil)的开关。还有一个通过该线圈连接的二极管(diode)，帮助禁止晶体管接收可能在开关切换时发生的任何高电压反馈。

继电器是单刀双掷(Single-Pole Double-Throw，SPDT)类型，这表示它的输出有 3 个终端：普通(COMM)、正常打开(NO)和正常关闭(NC)。可在 COMM 和 NO 之间，或者 COMM 和 NC 终端之间连接负载。连接 COMM 和 NO 时，输出会在继电器关闭时断开连接，在继电器打开时恢复连接。

图 7-3　继电器防护板

继电器防护板使用开关式稳压器(switch mode regulator)为 Photon 和继电器提供稳定的 5V 电源。该稳压器的最大输出电流是 1.2A，足以为 Photon 和 4 个继电器供电，同时还有足够的电力控制连接到 Photon 设备上的其他元件。可使用 DC 插口或螺旋式接线柱(screw terminal)为继电器防护板提供 7~20V DC。

下面是用于控制简单灯泡的代码。继电器用作开关，它通常是打开的，Photon 上的引脚 D3 变成 HIGH 时，就会激活继电器，打开灯。这个实验的硬件见表 7-2，布局图如图 7-4 所示。

表 7-2 元件和硬件

描述	附件
Photon 板	M1
继电器防护板	M3
电源	H7
灯泡	H8
9V 电池	H9
设备线	H10

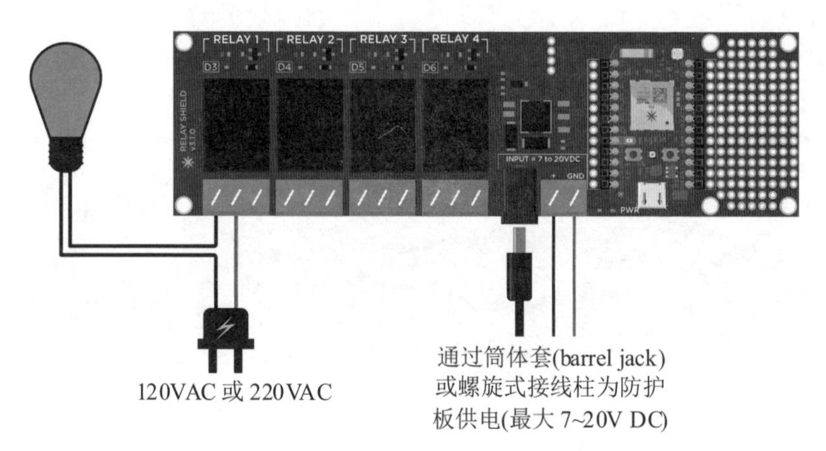

图 7-4 Photon 继电器布局图

下面是打开灯的代码：

```
int RELAY1 = D3;
int RELAY2 = D4;
int RELAY3 = D5;
int RELAY4 = D6;

void setup()
{
   //Initialize the relay control pins as output
   pinMode(RELAY1, OUTPUT);
```

```
  pinMode(RELAY2, OUTPUT);
  pinMode(RELAY3, OUTPUT);
  pinMode(RELAY4, OUTPUT);
  // Initialize all relays to an OFF state
  digitalWrite(RELAY1, LOW);
  digitalWrite(RELAY2, LOW);
  digitalWrite(RELAY3, LOW);
  digitalWrite(RELAY4, LOW);

  //register the Spark function
  Spark.function("relay", relayControl);
}

void loop()
{
  // This loops forever
}

// command format r1,HIGH
int relayControl(String command)
{
  int relayState = 0;
  // parse the relay number
  int relayNumber = command.charAt(1) - '0';
  // do a sanity check
  if (relayNumber < 1 || relayNumber > 4) return -1;

  // find out the state of the relay
  if (command.substring(3,7) == "HIGH") relayState = 1;
  else if (command.substring(3,6) == "LOW") relayState = 0;
  else return -1;

  // write to the appropriate relay
  digitalWrite(relayNumber+2, relayState);
  return 1;
}
```

这个实验的代码非常简单。首先建立每个继电器，把 Photon 引脚号赋予继电器：

```
int RELAY1 = D3;
int RELAY2 = D4;
int RELAY3 = D5;
int RELAY4 = D6;
```

接着把 Photon 上的数字引脚设置为输出，这样把引脚从 HIGH 切换到 LOW 时，也会把继电器从 ON 切换为 OFF：

```
pinMode(RELAY1, OUTPUT);
pinMode(RELAY2, OUTPUT);
pinMode(RELAY3, OUTPUT);
pinMode(RELAY4, OUTPUT);
```

第一次运行程序时，最好确保在执行任何操作之前，所有继电器都关闭了：

```
digitalWrite(RELAY1, LOW);
digitalWrite(RELAY2, LOW);
digitalWrite(RELAY3, LOW);
digitalWrite(RELAY4, LOW);
```

如果希望使用 Web 浏览器通过 Internet 控制所有继电器，就需要注册一个 Spark 函数：

```
Spark.function("relay", relayControl);
```

在这个函数中进行了许多检查，例如确定哪个继电器的按钮被按下，继电器是 HIGH 还是 LOW，来决定继电器的下一个状态。一旦程序完成这个操作，就可以写入数字引脚：

```
int relayControl(String command)
{
  int relayState = 0;
  // parse the relay number
  int relayNumber = command.charAt(1) - '0';
  // do a sanity check
  if (relayNumber < 1 || relayNumber > 4) return -1;
```

```
  // find out the state of the relay
  if (command.substring(3,7) == "HIGH") relayState = 1;
  else if (command.substring(3,6) == "LOW") relayState = 0;
  else return -1;

  digitalWrite(relayNumber+2, relayState);
```

控制继电器的 HTML 代码如下：

```
<html>
<head>
<script src="http://ajax.googleapis.com/ajax/libs/
jquery/1.3.2/jquery.min.js" type="text/javascript"
charset="utf-8"></script>

<script>
var accessToken =
"cb8b348000e9d0ea9e354990bbd39ccbfb57b30e";
var deviceID = "54ff72066672524860351167"
var url = "https://api.particle.io/v1/devices/" +
deviceID + "/relay";
function setRelay(message)
{
   $.post(url, {params: message, access_token:
accessToken });
}
</script>
</head>

<body>

<h1>Relay Control</h1>
<table>
<tr>
   <td><input type="button" onClick="setRelay('11')"
value="Relay 1 ON"/></td>
   <td><input type="button" onClick="setRelay('10')"
value="Relay 1 OFF"/></td>
```

```
    </tr>
    <tr>
        <td><input type="button" onClick="setRelay('21')"
value="Relay 2 ON"/></td>
        <td><input type="button" onClick="setRelay('20')"
value="Relay 2 OFF"/></td>
    </tr>
    <tr>
        <td><input type="button" onClick="setRelay('31')"
value="Relay 3 ON"/></td>
        <td><input type="button" onClick="setRelay('30')"
value="Relay 3 OFF"/></td>
    </tr>
    <tr>
        <td><input type="button" onClick="setRelay('41')"
value="Relay 4 ON"/></td>
        <td><input type="button" onClick="setRelay('40')"
value="Relay 4 OFF"/></td>
    </tr>
    </table>
    </body>
    </html>
```

7.3 程序员防护板

程序员防护板(programmer shield)由非常高级的用户使用，他们希望能完全访问和控制 Photon 板。这个防护板是基于 FT2232H 的 JTAG 程序员防护板，与 OpenOCD 和 Broadcom 的 WICED 集成开发环境完全兼容。FT2232H 芯片为 Photon 板提供了 USB JTAG 和 USB 通用异步接收/发送(UART)接口，它还可由用户配置，重新编写板上配置的 EEPROM。未用的引脚做出了标记，在易于访问的头部暴露出其接头，如图 7-5 所示。

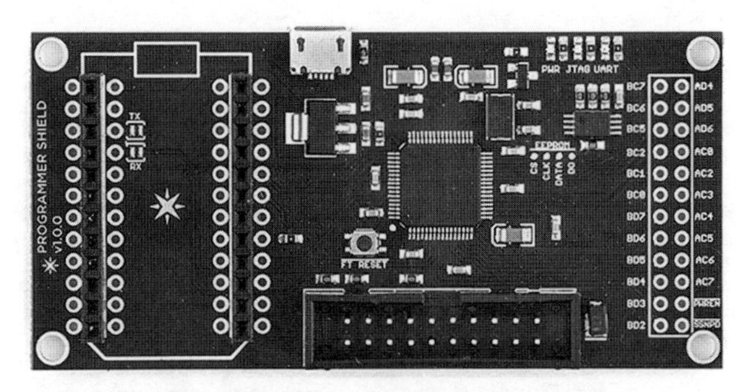

图 7-5　JTAG 编程防护板

7.4　稳压防护板

稳压防护板(power shield)也一样，允许给 Photon 提供除 USB 之外的电源。该防护板有一个智能电池充电器(intelligent battery charger)和电源管理单元(power management unit)，还有一个范围很宽的输入电压稳压器和一个基于 I2C(inter-IC)的电源计量器。可通过 USB 插口或 DC 电源给 Photon 提供 7~20V DC 的电源，也可同时使用 3.7V 的锂高分子(lithium ion-polymer，LiPo)电池供电。这是 Photon 板的完美附件，可真正在世界上的任何地方创建移动应用。稳压防护板如图 7-6 所示。

稳压防护板系统会自动在不同的电源之间切换，减少电池上的充放电循环应力(charge and discharge cycle stress)。电量表(fuel gauge)允许方便地监控电池的充电状态，通过 Internet 远程通知用户，并在需要时采取必要的措施。该防护板也可在通过 USB 端口和 DC 电源供电时，自动选择 DC 电源，而不是 USB。从 USB 上充电时，充电电流设置为 500mA，从 DC 电源上充电时，充电电流设置为 1A。

图 7-6 Particle 的稳压防护板

7.5 Internet 按钮

Internet 按钮(Internet button)是通过物联网启动的一种好方式，它会使用防护板上的许多输入和输出创建交互式项目。另外，它也是从头开始建立自己的原型的一种简单方式。Internet 按钮允许使用许多发光二极管(LED)、按钮和加速计(accelerometer)。如图 7-7 所示，Internet 按钮有 11 个可独立控制的 RGB LED，板下还有 4 个触觉按钮。Internet 按钮可通过 USB 供电或由外部的 DC 电源提供 3.6~6V DC。

图 7-7 按钮和加速计

Internet 按钮有如下特性：

- 控制数百个 Web 服务的按钮
- 显示数据或警报的板上 LED
- 完全组装好——没有接线或焊接
- 不需要编码
- 可插入的接头，以添加传感器
- 帮助函数能使复杂的操作变得简单
- 开放的计算机辅助设计(CAD)模型，用于定制封面的 3D 打印
- 轻松的应用开发接口(API)用于快速开发

Internet 按钮附带一些很好的示例，帮助用户使用 Internet 按钮的功能，例如LED和按钮。如果购买了Internet按钮，它会附带一个Photon板，所以使用这些示例不需要额外的硬件。

7.6　Grove Starter Kit for Photon

Grove Starter Kit for Photon 是一个易用、即插即用的 Photon 工具包，如图 7-8 所示。

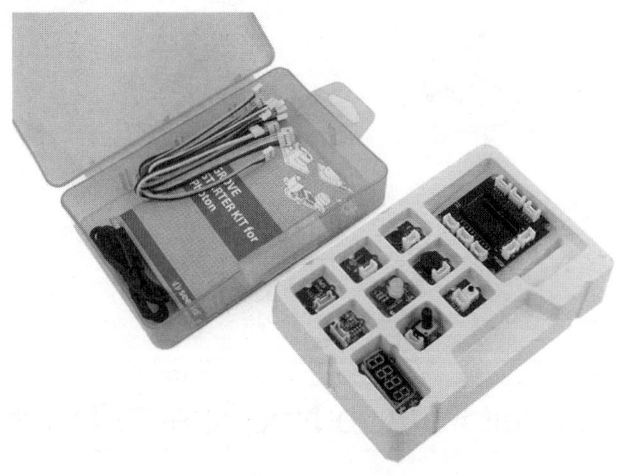

图 7-8　Grove Starter Kit for Photon

这个基本防护板允许连接各种 Grove 模块，包括用于 Photon 的 Grove 防护板和几个其他 Grove。用于 Photon 的 Grove 防护板便于用户在 Spark Photon 上建立 Grove 的 4 脚标准接口，它还有助于用户避免在建立原型时使用过多的电线。这个工具包包括如下模块：

- 用于 Photon 的 Grove 防护板
- Grove-按钮
- Grove-蜂鸣器
- Grove-旋转角传感器(rotary angle sensor)
- Grove-温度传感器
- Grove-光敏传感器
- Grove-可连接的 RGB LED
- Grove-三轴数字加速计(±1.5g)(Three-Axis Digital Accelerometer)
- Grove-4 位显示器(Four-Digit DisPlay)
- Grove-振动电机(Vibration Motor)
- 用户手册

Grove 模块很容易连接到 Photon 板上，如图 7-9 所示。

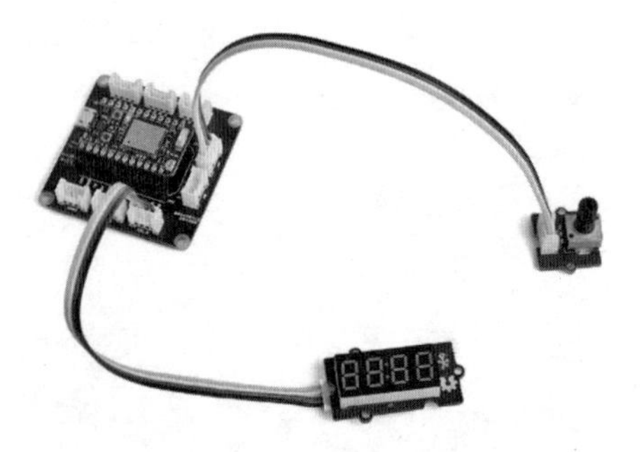

图 7-9　连接到 Photon 防护板上的 Grove 模块

7.7　Adafruit Particle NeoPixel 成套工具

使用这个定制的 NeoPixel 成套工具可以给 Photon 添加一些重要

的功能。24 显示超级智能的 LED NeoPixel 布置在外圆直径为 2.6 英寸的圆环上，如图 7-10 所示。

插入 Photon，上传 NeoPixel 库代码，打开 LED——就完成了！每个 LED 都可寻址，因为驱动芯片在 LED 内部。每个 LED 都有~18mA 的固定电流驱动，所以即使电压有变化，颜色也不变，不需要额外的外部扼流电阻器(choke resistor)，简化了设计。所有元件都用一个 3.5~5.5V DC 电池组供电。

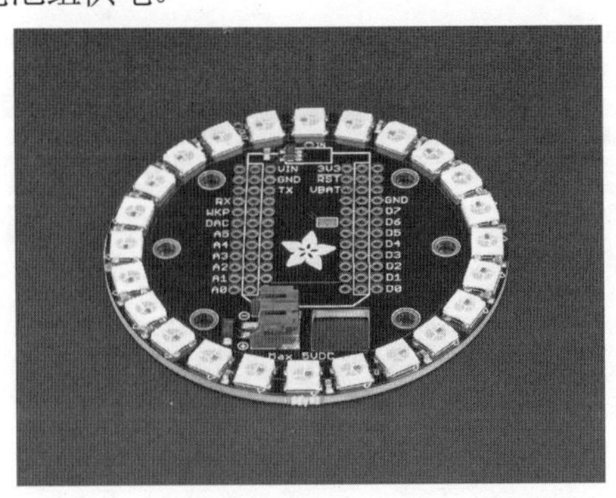

图 7-10　Adafruit Particle NeoPixel 成套工具

为使项目可移植，还有一个 JST(Japan Solderless Terminal)连接器来连接外部电池。用 3.5~5.5V DC 供电——可充电的 LiPo 电池就很好，3×AAA 或 3×AA 电池组也可以。包含 JST，就意味着可以连接自己的电池。给 NeoPixel 库代码使用引脚 D6——所有其他引脚都可用于其他用途，两端都暴露出接头，以便连接其他传感器或设备。

这个成套工具是一个圆形的印制电路板(PCB)，组装了 24 个独立可寻址的 RGB LED，并通过了测试；还有两个 12 引脚、0.1 英寸的插口和一个赠送的 JST 电线。需要进行一些光焊(light soldering)——可以焊接两个插口，以允许拔出 Photon，或者直接焊接到位，使其外观更简洁。

7.8 小结

希望读者看出，可使用这些扩充板和防护板来简化项目和实验。下一章将介绍如何给 Photon 板使用 IFTTT(if this then that) Web 服务。

第 8 章 IFTTT

IFTTT 表示 if this then that(如果这样，就执行那些)，IFTTT 是一个 Web 服务，允许把实时信息链接到 Photon 板上。该平台的工作方式是，用户创建如下脚本“如果我最喜欢的足球队进球了，就给我发邮件。”IFTTT 也很好地与流行的 Web 平台集成，例如 Twitter、Facebook、Google Mail 等。而且，IFTTT 平台也可与 Photon 板集成，这样如果触发了某个操作，例如读取温度、移动或其他传感器的数据，就可以定义下一步的操作，例如给某人发送 tweet 或邮件。这是 IFTTT 平台的基本工作方式，下面将讨论如何把这个服务连接到 Photon 板上。

8.1 IFTTT 概述

在开始之前，需要用 IFTTT 在 https://ifttt.com/上注册一个账户，这完全是免费的。之后，就可以开始编写自己的脚本，执行各种操作。IFTTT 也为用户提供了共享脚本的选项，这样脚本就可以由整个世界共享——毕竟，我们非常相信开源环境。

如前所述，IFTTT 集成到许多 Web 服务中，例如 Twitter、Facebook、Google Mail。如果希望在脚本中使用这些服务，就需要通过 API 给它们授予 IFTTT 访问权限。然后就可以自由探索可用的所有其他应用，读取有用的开始指令——尝试运行几个已有的脚本，之后开始了解它的工作原理。

8.2 “日出”邮件警报

这个项目使用与第 5 章相同的基础知识。第 5 章通过 analogRead() 函数使用光电池作为输入设备。如果还没有这么做，强烈建议在继续之前完成第 5 章的内容。如果购买了 Photon 工具包，就应得到一些电阻和一个光敏电阻。现在可连接这个电路，如果没有跨接线，可使用一个模拟引脚作为 3.3V 电源引脚，把输出变成 HIGH，得到 3.3V 输出，这也会提供稳定的电压读数，因为它不像 3.3V 引脚那样会出现波动。

这个实验用到的元件和硬件见表 8-1，电路实验板布局图如图 8-1 所示。

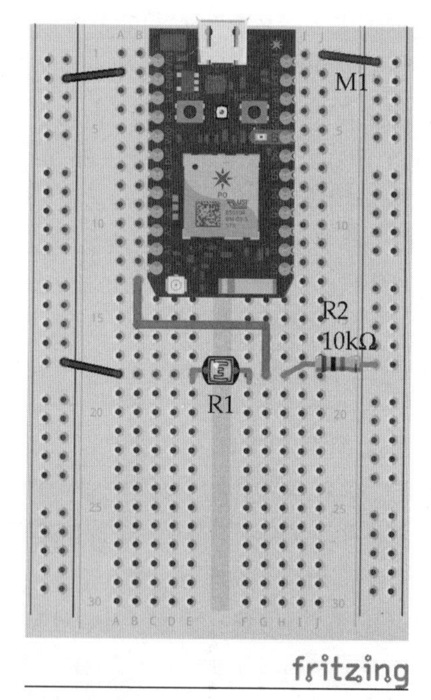

图 8-1 光电池的电路实验板布局图

表 8-1　实验用到的元件和硬件

设计原理图	描述	附件
M1	Photon 板	M1
	电路实验板	H1
	跨接线	H2
R1	光电池	R4
R2	10K 的电阻器	R3

建立了电路后，就需要编写 Photon 板的程序，以便使用 IFTTT 读取变量。下面是实验的代码：

```
int photoresistor = A0;

int power = A5;

int analogvalue;


void setup() {



   pinMode(photoresistor,INPUT);
   pinMode(power,OUTPUT);

   digitalWrite(power,HIGH);

   Spark.variable("analogvalue", &analogvalue, INT);

}

void loop() {
   analogvalue = analogRead(photoresistor);
}
```

代码非常简单。把引脚 A5 设置为输出，以便通过电路应用电压，接着读取光敏电阻的值，存储在变量 analogvalue 中。注意，从模拟引脚中读取的值在 0~4095 之间。

在 Photon 板中设置好所有元件后，就可以点击如图 8-2 所示的 Create A New Recipe 图标，在 IFTTT 账户上建立一个新脚本。

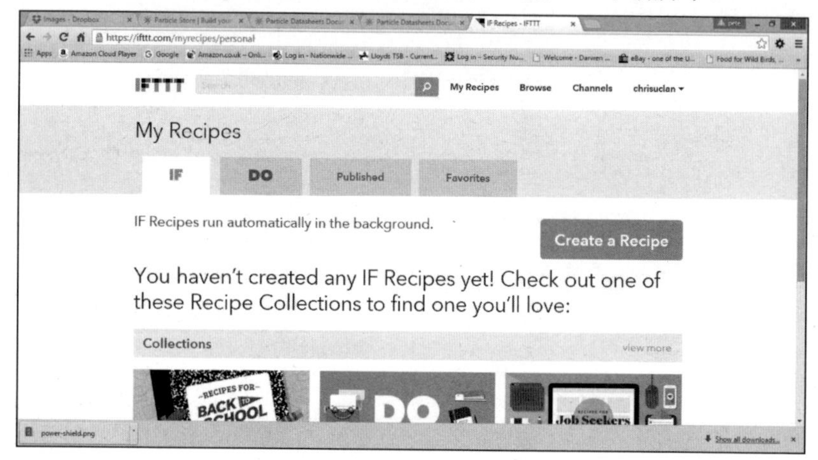

图 8-2　创建新的 IFTTT 脚本

此时会显示一个屏幕，它把 if this then that 中的 this 加上下划线，变成一个超链接。这就提示，应点击这个超链接，定义 this 的内容。接着可以设置一个触发器，确定如何运行脚本。我们知道，当光电池上的一个灯变亮时，就要触发一个邮件。下一个屏幕列出各种 Web 服务的图标列表，可从中选择要用作触发器的 Web 服务。向下滚动列表，找到 Particle 徽标，也可以使用搜索框，输入 particle，屏幕上就会显示 Particle 应用，如图 8-3 所示。

点击 Particle 应用，如果这是第一次使用 IFTTT，屏幕就提示输入 Particle 云登录信息，这会给用户授予使用 particle.io 功能的访问权限。所以在这里输入用户名和密码。授予了访问权限后，下一页面会显示触发器选项，如图 8-4 所示。这些触发器确定我们如何与 Particle 交互操作，如何处理 Particle 返回的结果。编写程序时，使用光电池的亮度级别存储在变量 analogvalue 中，所以可以选择 Monitor A Variable。

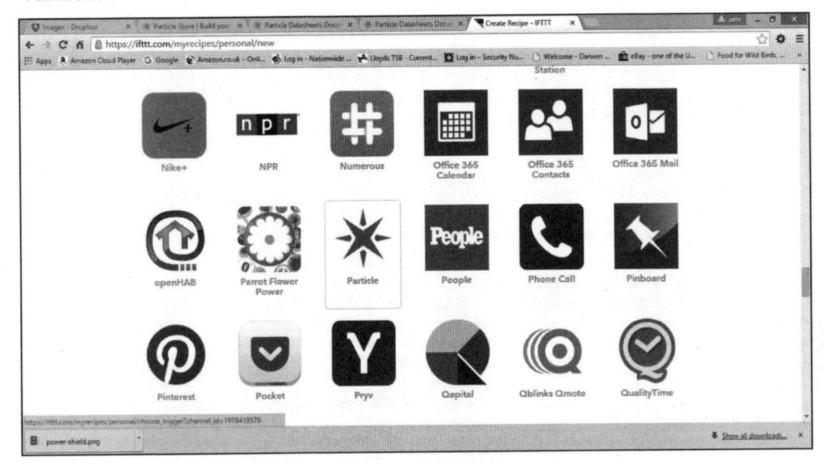

图 8-3　IFTTT 中的 Particle 应用

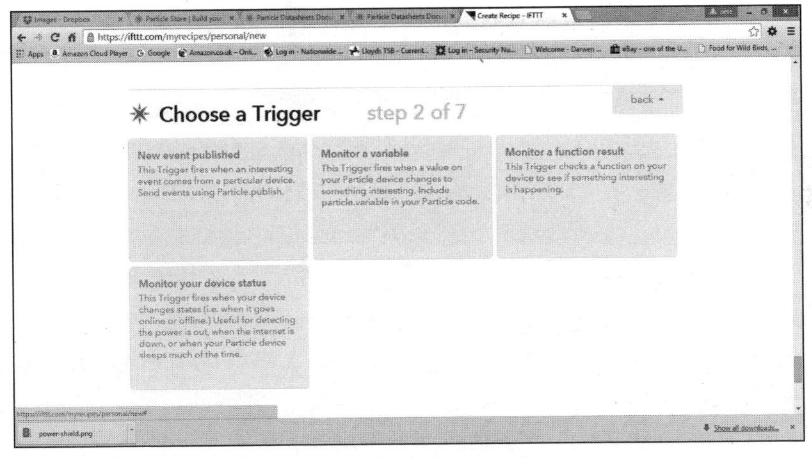

图 8-4　Particle 触发器

确保连接了 Photon，运行了前面上传的程序。点击 IF(variable name) 字段下面的下拉框，就会显示在 Photon 板上创建的可用变量列表，如图 8-5 所示。

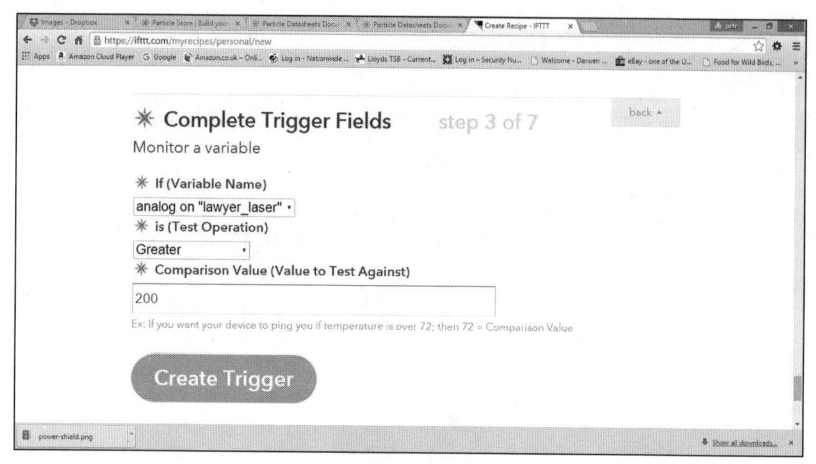

图 8-5 配置 Photon 触发器

在下一个字段中会看到测试操作，这里可使用简单的数学操作，来确定触发器的工作方式。本例希望在亮度值超过某个值时(表示有灯光)触发邮件，因此这里希望测试操作大于下一步设置的值。或者如果想知道灯何时变暗，就把值改为 less than。

在触发器操作的最后一个字段中，放置阈值。现在，最好使用 Tinker 再次点亮 Photon，获得背景光的值域——例如值域是 100~700，其中 100 很暗，700 很亮。于是，把触发器的值设置为 200，表示太阳已升起，现在是早晨了。可能需要实验这些值，以确保其正确。

给 photon 设置好触发器后，在下一个屏幕上，this 就显示在触发器操作的旁边，现在可在下一部分定义 that，如图 8-6 所示。点击 that 超链接，会显示一个很长的列表，其中列出了点击光敏传感器上的触发器后可执行的操作。本例要给自己发送邮件“Good morning Chris”——很容易列出每天早晨要做的事件，这样上班或工作之前不会忘记什么。如果有 Google Mail 账户，就可以在列表中选择 Gmail 图标，如图 8-7 所示；如果没有 Gmail 账户，则可使用 IFTTT 的内部邮件服务器，它使用注册 IFTTT 账户时提供的邮件地址。

图 8-6　定义一个操作

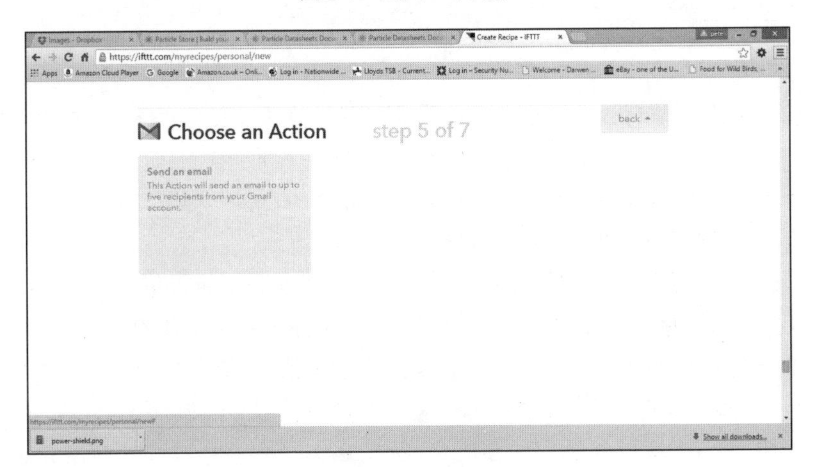

图 8-7　操作列表

如果选择用 Gmail 发送邮件，屏幕就提示登录 Gmail 账户，以访问其功能——这只需要执行一次，因为登录信息会存储起来，供以后的脚本使用。下一步显示可在这个 Web 服务下完成的操作列表。Gmail 只允许发送邮件，所以可以点击该操作，进入下一步。下一步可以完成所有动作字段，例如接收邮件的地址，最多可选择 5 个邮件地址，用逗号分隔它们。还可改变邮件的主题和内容，如果愿意，也可上传要发送的文件，如图 8-8 所示。

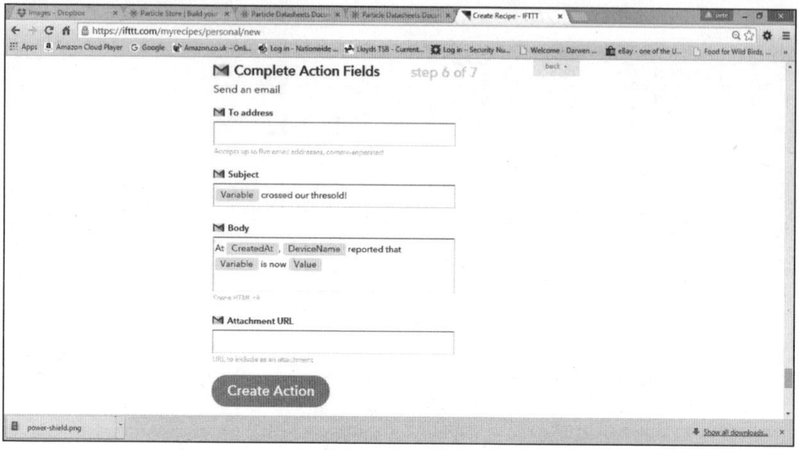

图 8-8　Gmail 操作

在邮件体中，可以包含一些没有作为纯文本来筛选的变量，如下：

- CreatedAt：创建和发送邮件的日期和时间
- DeviceName：所提供的 Photon 板的设备名称
- Value：触发时变量的实际值
- Variable：当前读取的变量名；这里是 analogValue

填好所有必要的字段后，点击 Create Action 进入脚本的最后一步。在这里点击 Create And Activate，创建脚本，让它在 IFTTT Web 服务中运行。活动的脚本每 15 分钟检查 Photon 一次——确保不必每秒检查 Photon 一次，平衡服务器的负载。

尝试把传感器放在明亮的环境下，测试前面创建的 IFTTT 脚本。15 分钟后就应收到一封邮件，如图 8-9 所示，其中包含了在邮件动作部分填写的所有细节。

当然，可在 Photon 板上触发所有类型的动作，也很容易返回，修改脚本的设置，而不是创建新脚本。

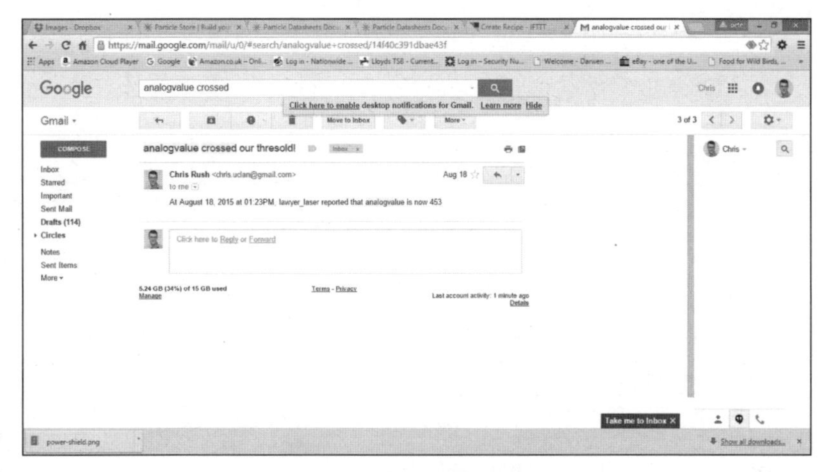

图 8-9　IFTTT 触发器邮件

8.3　使用 Grove 模块创建 Twitter 警报

前面介绍了如何使用 Photon 和 IFTTT 触发事件，下面讨论如何使用 Twitter 等 Web 服务和 Photon 板触发事件。这个实验要使用用于 Photon 的 SeeedStudio 初级工具包。Grove 是该工具包中一个易用的模块化工具，如图 8-10 所示。

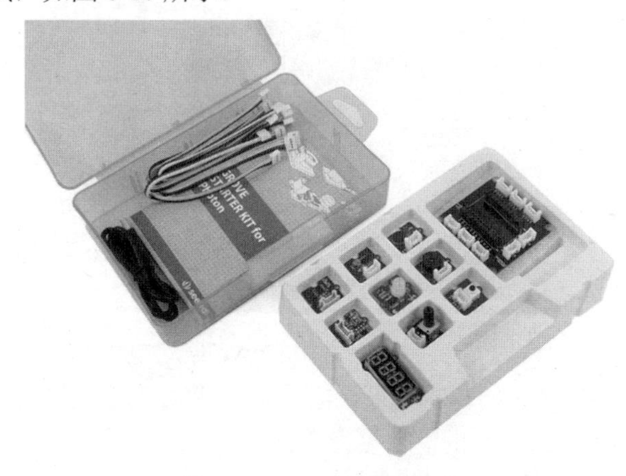

图 8-10　Grove Photon 工具

它使用积木块的方式建立电路，非常适合于没有建立电路经验的用户。Grove 系统包含一个基本防护板和一些模块，在本例中，Photon 工具包提供了如下部分：

- 用于 Photon 的 Grove 防护板
- Grove-按钮
- Grove-蜂鸣器
- Grove-旋转角传感器
- Grove-温度传感器
- Grove-光敏传感器
- Grove-可连接的 RGB LED
- Grove-三轴数字加速计(1.5g)
- Grove-4 数字显示
- Grove-振动电机
- 用户手册

在使用 IFTTT 的实验中，每次有人通过 Twitter 联系用户时，蜂鸣器和振动电机就会运转一秒钟，通知用户。开始时，把 Photon 板插入 Grove Photon 防护板，如图 8-11 所示，确保方向正确。

图 8-11　Photon 基本防护板

这个实验要使用 Grove 蜂鸣器和 Grove 振动电机。把 Grove 振动电机连接到 Particle 防护板的连接器 A4 上，将蜂鸣器连接到防护板的 I2C_2 端口上。该实验的硬件见表 8-2。

表8-2 元件和硬件

描述	附件
Photon 板	M1
Grove Particle 防护板	M4
Grove 振动电机	M4
Grove 蜂鸣器	M4

这个实验的软件很简单。我们要创建一个函数，在该函数中 IFTTT 要传递一个值。接着检查该值，确定它是否匹配，然后指定希望的声音(例如蜂鸣)，打开电机。这个实验的软件如下：

```
#define MOTORPIN A4
#define BUZZPIN D1


void setup() {
   pinMode(MOTORPIN, OUTPUT);
   pinMode(BUZZPIN, OUTPUT);
   Spark.function("Twitter", twitter);
}

void loop() {

}

int twitter(String command)
{
   if (command == "buzz")
   {
      digitalWrite(MOTORPIN, HIGH);
      digitalWrite(BUZZPIN, HIGH);
      delay(1000);
      digitalWrite(MOTORPIN, LOW);
      digitalWrite(BUZZPIN, LOW);
      return 1;
```

```
    }
    else return -1;

}
```

首先需要定义 Photon 板上要使用的引脚。蜂鸣器连接到数字引脚 1，振动电机连接到模拟引脚 4。

```
#define MOTORPIN A4
#define BUZZPIN D1
```

接着在 setup 函数中把蜂鸣器和电机都设置为输出，创建一个 Spark 函数，以便通过 IFTTT 传递数据。注意，Spark 函数名不能超过 16 个字符。

```
pinMode(MOTORPIN, OUTPUT);
pinMode(BUZZPIN, OUTPUT);
Spark.function("Twitter", twitter);
```

这里忽略 loop 函数，因为调用 Spark 函数时，它会初始化 twitter 函数。Spark 函数传递一个字符串值 command，我们要检查这个值是否等于 buzz，然后给电机和蜂鸣器写入 HIGH，一秒钟后关闭它们。如果这个函数不等于 buzz，函数就返回-1，表示失败。

```
int twitter(String command)
{
   if (command == "buzz")
   {
      digitalWrite(MOTORPIN, HIGH);
      digitalWrite(BUZZPIN, HIGH);
      delay(1000);
      digitalWrite(MOTORPIN, LOW);
      digitalWrite(BUZZPIN, LOW);
      return 1;
   }
   else return -1;
}
```

建立并运行 Photon 后，就可以考虑 IFTTT Web 服务了。登录账户，创建一个新脚本。这次要使用 Twitter 作为触发器，而不是以前的 Photon。这里可能会提示验证 Twitter 账户，要求提供许可，让 IFTTT 使用 Twitter Web 服务。在触发器页面上，有许多不同类型的触发器可供选择——这个实验要使用 Twitter Mentions Of You。只要在 tweet 中轻触 Twitter ID，就会触发脚本中的事件。选择 New Mention Of You，进入下一步。这里没有需要添加的内容，所以点击 Create Trigger。现在就可以进入下一步，建立脚本的 that 部分。

点击动作源列表中的 Particle 图标，就会显示可以用 Photon 处理的动作列表，如图 8-12 所示。

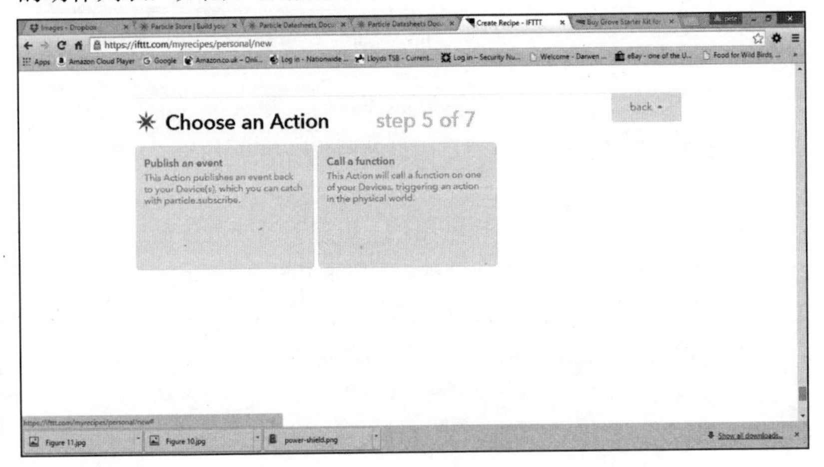

图 8-12　Photon 动作

选择 Call a function 选项，完成设置动作的一组动作字段。在 Then call 下拉列表中包含已连接的 Photon 板上建立的函数列表。在这个下拉框中，有一个函数 Twitter，它是在 Photon 的代码中建立的。删除动作字段 with input 的内容，输入 buzz，它就是触发 Twitter 服务时要传递给 Photon 板的值，如图 8-13 所示。

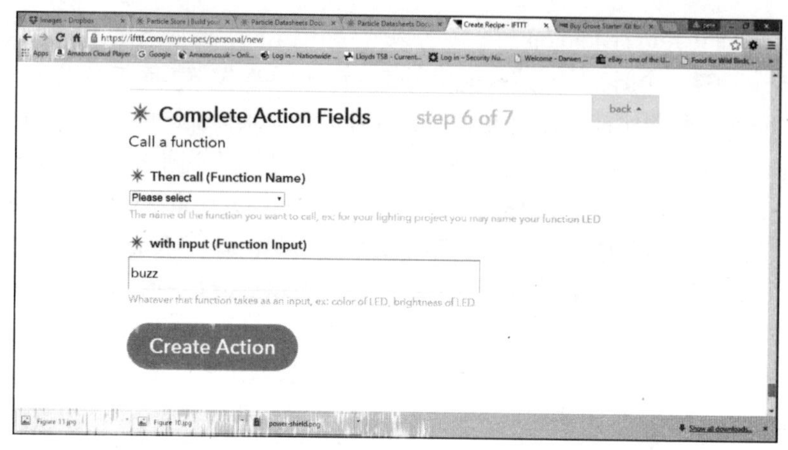

图 8-13 Photon 动作字段

点击Create Action，再点击Create Recipe，就完成了所有工作。剩下的就是测试脚本。为测试项目，只需要在tweet联系自己，或让别人联系自己。当IFTTT注意到这一点，检查Twitter种子时，就会触发Photon，发出蜂鸣声，运行振动电机。IFTTT Web服务每15分钟检查一次Twitter，所以可能要等几分钟，IFTTT才能触发Photon板。此时可使用Twitter Web服务自由试验不同类型的触发器，例如在Twitter上有了新朋友。图8-14显示了最终建立好的项目。

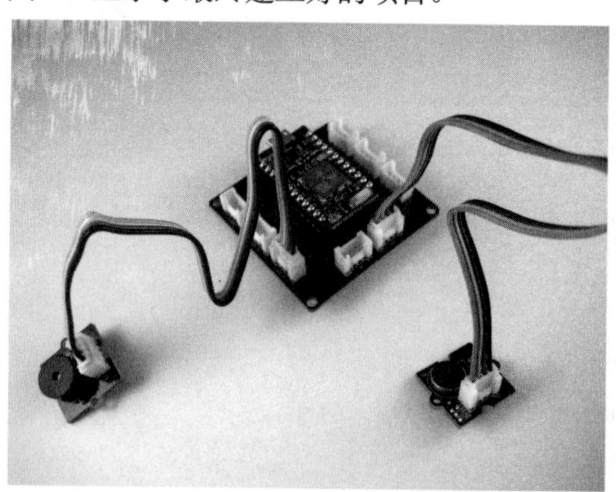

图 8-14 连接了蜂鸣器和振动电机的 Grove Photon

8.4　小结

本章介绍了如何使用 IFTTT Web 服务控制 Photon 板上的电路，以及如何使用 Photon 板控制某些 Web 服务，例如 Twitter。还可以使用许多其他服务，例如 Facebook、邮件，甚至一些运动结果，它们可以触发 LED 或 Photon 板上的类似元件。

第 9 章

排除设备故障

有时，事情并不总是按照计划的那样进行，有时很难确定出错的原因，并修复错误。幸好，Photon 板的中心位置有 RGB LED，你可根据 LED 的颜色和闪烁次数来确定一些错误。

9.1 设备模式

这些模式是 Photon 板的定期典型行为，它们是灯光模式，确定 Photon 板在做什么，在出错时如果要尝试确定发生了什么，这些模式是很有帮助的。

- **连接：** Photon 板闪烁青色时，表示设备连接到 Internet 上。Photon 处于这个模式时，可调用函数，把代码刷新到开发板上。
- **固件更新：** 如果设备发出品红色光，就表示它当前在加载应用或更新固件。这个设备模式在更新固件时触发，或在刷新 Particle Dev 或 Particle Build 中编写的代码时触发。第一次把 Photon 连接到云上时，也处于这个模式。

注意：

如果启动时按住 SETUP 按钮进入该模式，闪烁的品红色灯就表示，释放 SETUP 按钮会进入安全模式，以连接到云上，而不是运行应用固件。

- **寻找 Internet**：如果 Photon 板闪烁绿色，就表示它尝试连接 Internet。如果已经输入了 Wi-Fi 设置，Photon 板就会在连接 Internet 之前闪烁几秒钟，之后开始闪烁青色。如果还没有把设备连接到 Wi-Fi 网络上，就需要把设备设置为“监听”模式。
- **连接到云**：若 Photon 板正在连接云，将快速闪烁青色。第一次把 Photon 板连接到网络上时，它在闪烁绿色后很可能会快速闪烁青色。
- **Wi-Fi 关闭**：如果 Photon 板的 LED 闪烁白色，就表示 Wi-Fi 模块是关闭的。这可能有两个原因：
  - 在用户固件中把模块设置为 manual 或 semi_automatic。
  - 在用户固件程序中调用了 wifi.off()。
- **监听模式**：这可能是最重要的模式。Photon 板处于监听模式时，会等待输入，以连接到 Wi-Fi 网络上。Photon 必须处于监听模式，才能开始连接智能手机应用或通过 USB 连接。为使 Photon 板处于监听模式，只需要按下 SETUP 按钮三秒钟，直到 RGB LED 开始闪烁蓝色为止。
- **Wi-Fi 网络重置**：为在 Photon 板上删除 Wi-Fi 网络，应按下 SETUP 按钮 10 秒钟，直到 RGB LED 快速闪烁蓝色为止。也可按住 SETUP 按钮，轻触 RESET 按钮，直到 RGB LED 变成白色为止。
- **安全模式**：安全模式将设备连接到云上，但没有运行任何应用固件程序。这个模式对于开发和故障排除工作而言是最有用的。如果加载到 Photon 板上的应用或固件出错，就可以把设备设置为安全模式，这会运行设备的系统固件，但不执行任何应用代码，如果应用代码包含阻止设备连接到云上的错误，这个模式就很有用。Photon 板的 LED 闪烁品红色时，就表示它处于安全模式。为使 Photon 板处于安全模式，可先按下开发板上的两个按钮，释放 RESET 按钮，但 SETUP 按钮要按住不放，直到 LED 闪烁品红色时再释放它，如果没有把应用代码刷新到 Photon 板上，或者应用固件失效，该开发板就进入安全模式。

- **设备固件升级**：如果希望通过 USB 给带有定制固件的 Photon 板编程，就需要使用这个模式。这个模式会触发板上的引导程序，它通过 dfu 实用程序接受固件二进制文件。要进入设备固件升级模式，需要先按下开发板上的两个按钮，释放 RESET 按钮，但 SETUP 按钮要按住不放，直到 LED 闪烁黄色时再释放它。

9.2 故障排除模式

- **Wi-Fi 模块没有连接**：如果 Wi-Fi 模块打开了，但没有连接到网络上，Photon 就闪烁蓝色。这是深蓝色，而不是青色。
- **云未连接**：设备连接到 Wi-Fi 网络上，但没有连接到云上时，Photon 就闪烁绿色。
- **错误的公钥**：服务器的公钥错误时，Photon板就交错闪烁青色和红色。LED闪烁红色表示如下错误：
  - **闪烁两次红色**：没有连接到Internet。
  - **闪烁三次红色**：连接到Internet上，但没有连接到Particle云。
  - **闪烁橘色**：设备密钥错误。
- **闪烁红色**：红色闪烁超过 10 次表示固件崩溃。SOS 序列的闪烁模式是 3 短 3 长 3 短。

如果遇到这个问题，可参阅安全模式选项，尝试重新刷新固件。在 SOS 闪烁红色后，还有一些代码可以表示：

- 硬错误
- 不可标识的中断错误
- 内存管理器错误
- 总线错误

- 用法错误
- 无效长度
- 退出
- 超出堆内存空间
- 串行外设接口(Serial Peripheral Interface，SPI)溢出
- 断言失败
- 无效的大小写
- 纯虚调用

9.3 小结

这个简短的一章能让读者很好地根据 RGB LED 的闪烁和颜色理解 Photon 发生了什么。这样可在事情未如期进行时进行调整，理解每个模式的含义和原因。如果在修复问题时仍有疑问，还可以访问 Particle 社区页面，获得更多帮助。该社区会积极回答各种技术问题。

附录 A

工具和提示

本附录为创建自己的项目和更好地利用资源提供一些有用提示。开始自己的项目最初令人畏惧，有时可能令人受挫、非常复杂——本附录的信息有助于读者完成项目。

A.1 电路实验板和原型板

电路实验板(如图A-1所示)通常是一个矩形塑料ABS(Acrylonitrile Butadiene Styrene，丙烯腈-丁二烯-苯乙烯)盒，上面有很多小孔，可在这些孔中方便地插入电子元件或穿入电线。电路实验板常用于建立电路的概念设计，而不需要焊接任何元件。只需要把电线或元件的引脚插入孔中，就会建立连接。通常在电路实验板的下面连接金属接头，使它们并排排列。使用电路实验板的优点是可以随时改变电路设计，方便地替换或重排元件，而不必焊接或拆焊任何节点。

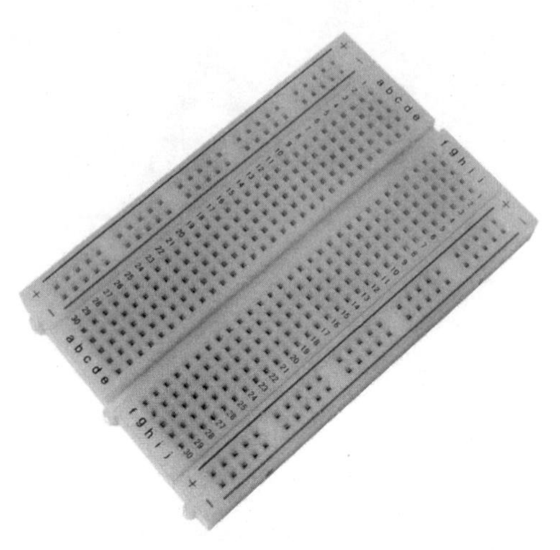

图 A-1　电路实验板

把元件放在电路实验板上时，除非通过跨接线建立电路，否则什么都不会发生。用于电路的电线是用外部塑料绝缘体(outer plastic insulation)包裹的铜线，通常称为安装线(hook-up wire)。电线的直径各异，常常称为 gauge；在 US 中标准的测量单位是美国线规(American Wire Gauge，AWG)。使用实芯线总是比绞线更好，因为实芯线(solid wire)插入电路实验板要比绞线(stranded wire)容易得多。如果幸运，电子商店会出售跨接线(如图 A-2 所示)，即两端带有一个引脚的短电线。

如果在电路实验板上创建好电路设计，就可以确定要把元件焊接在印制电路板(PCB)上，使电路变成固定不变的，为此需要一个通用的印制电路板，它在某些方面类似于电路实验板的布置。原型 PCB 有多行小孔，类似于电路实验板上的孔。所有元件一般放在 PCB 上，在下面焊接。焊接所有电线时，它们通常放在 PCB 的下面，这使 PCB 使用起来更整洁、干净，有助于避免焊接许多元件时出现的拥挤。

图 A-2　跨接线

图 A-3 显示了原型板。

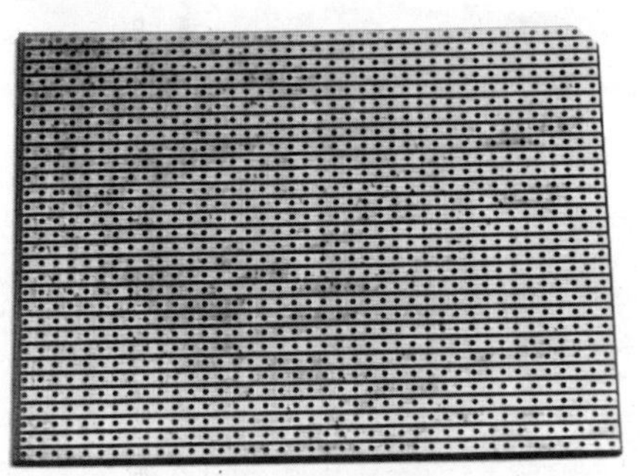

图 A-3　原型板

A.2　万用表

万用表是一个有用的设备，可测量电荷(electricity)，就像用尺子测量距离，用秒表测量时间。万用表的优点是它还测量许多不同的数据，例如电压、电流、电阻等。标准万用表的中间有一个大表盘，可用于选择要测量的数据。图 A-4 显示了典型的万用表。

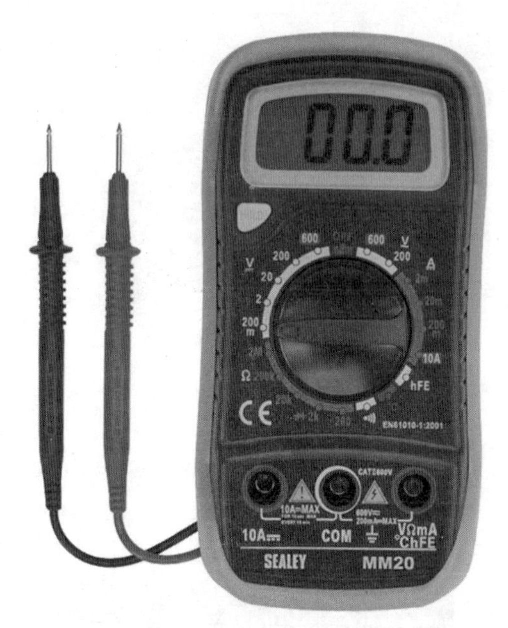

图 A-4 典型的万用表

大多数万用表都可测量电压、电流和电阻；一些万用表还可进行通路测试(continuity check)，在两个元件连接起来时就发出一声蜂鸣，以确定电路已闭合。这有助于诊断电路中的问题——可跟踪电路中的电压，确定哪个部分没有闭合或者未如期发挥作用。另外，还可确保两个元件没有连接起来，以确保电路的某个部分没有短路，或者故意不把节点(joint)焊接起来，来测试自己的焊接技术。

还有一些高级的万用表，常常很贵，但有某些额外功能，例如测量晶体管(transistor)或电容(capacitor)。这些功能更适合于设计和制造高端产品的专业工程师。

为说明万用表的工作原理，一定要理解测量的内容，例如电压、电流和电阻：

- **电压**：电荷在电路中被推动的力度，电压越高，电子在电路中被推动得越厉害。电压使用符号 V 表示。

- **电流：**电荷在电路中流动的量——电流越高，在电路中流动的电荷就越多。电流使用符号 A 表示。
- **电阻：**电荷在电路中流动的难度——电阻越高，电荷在电路中流动得越困难。电阻用欧姆(ohms)来测量，用符号 Ω 表示。

还要注意，用于表示单位的符号可能不同于变量等式中的符号。

A.3 焊接

焊接是电子学的一个基本技能。使用原型板可学习焊接，但仍需要把接头焊接到板上，或对元件进行某些小改动。

焊丝(solder)是一般位于焊丝卷(wire spool)或电线导管上的合金，用于把 PCB 上的元件熔化在一起。图 A-5 显示了焊丝卷。选择焊丝时，注意焊丝通常有两类：加铅的和无铅的。最初制造焊丝时，它一般由铅和锡合金制作，但众所周知，铅大量暴露在空气中时非常有害。在焊丝中使用铅，是因为铅的熔点非常低，能做出非常好的焊点，得到高度可靠的电路。但在欧盟，含铅焊丝没有通过无铅认证，RoHS(危害性物质限制指令，Restriction of Hazardous Substances)限制在电子产品中使用含铅焊丝，因此，普遍使用的是无铅焊丝。无铅焊丝通常由其他金属制造，例如银和铜。无铅焊丝有自身的缺点，例如因为存在锡，它的熔点较高，且需要大功率烙铁。

图 A-5 焊丝卷

无铅焊丝通常包含一个药芯(flux core)，它有助于提供与含铅焊丝相同的质量效应。药芯是化学药剂，有助于金属的流动，在焊接完成时得到更好的连接效果。

许多工具都有助于焊接，但它们都不如烙铁重要。烙铁有许多类型，从基本的烙铁到复杂的烙铁，应有尽有，但它们都有相同的功能和用途。通常，最好先购买一个包含烙铁、数字或模拟控制器和一个平台(stand)的焊台(station)。这些焊台现在非常常见，在本地商店购买并不贵。

过一段时间，烙铁头就开始氧化变黑，就不能用于焊接元件了。这在无铅焊丝中更常见。此时可使用柔软的海绵来补救——应常常用海绵清洁烙铁头(tip)，去除所有多余的烧熔物。为得到更好的效果，可使用黄铜丝海绵(brass wire sponge)，如图 A-6 所示。

图 A-6　黄铜丝海绵

除了烙铁和焊丝外，在焊接过程中还有其他几个附件非常有帮助。如果焊接时弄得一团乱，则吸锡条(solder wick)可用于清理，也可用于拆焊。吸锡条由细铜交错编织而成，与任何 PCB 一样，它会吸收焊丝，清除所有多余的烧熔物。

也可使用 Tip Tinner 清洁烙铁头，Tip Tinner 包括一种弱酸(mild acid)，有助于去除遗留在烙铁头上的遗留物，在不使用时有助于防止烙铁头氧化，如图 A-7 所示。

图 A-7　Tip Tinner

如前所述，一些无铅焊丝有药芯，但有时这是不够的，还需要额外的药剂。Flux Pens 可使用元件更好地与 PCB 建立连接。

A.4　模拟和数字

模拟和数字信号用于传输一组信息，通常通过电信号来传递。两种信号的主要区别是，模拟信号用不同振幅(amplitude)的脉冲传递，数字信号用二进制格式(如 1 和 0)传递，其中每个位表示一个独立的振幅。

模拟是指电路中的量，如电压或电流在一段时间内以固定速率变化。电信号通过随时间改变其电压或电流来表示信息。信号可取给定范围内的任意值，每个信号值都可表示不同类型的信息。信号中的任何变化都对整个结果有重要影响。

要注意的是，模拟信号可能会产生噪音，这被归类为扰动(disturbance)或变动(variation)，这些扰动或变动可能由热量波动而引起。因为信号中的任何轻微变动都可能影响结果，所以这种噪音在信号衰减时可能有重要影响，尤其是距离较长时。

设计系统时，模拟电路比数字系统更难、更复杂，需要更多技术。这是数学系统更普遍的主要原因；另外，它们制造起来也更便宜。

数字系统更容易理解——它们不使用像模拟电路那样的连续范围，所以信号的噪音或轻微变动不影响数字信号的结果。数字系统一般只有两个状态，它们用两个不同的电压来表示，通常 0 等于接地，1 等于+V。图 A-8 显示了数字信号。

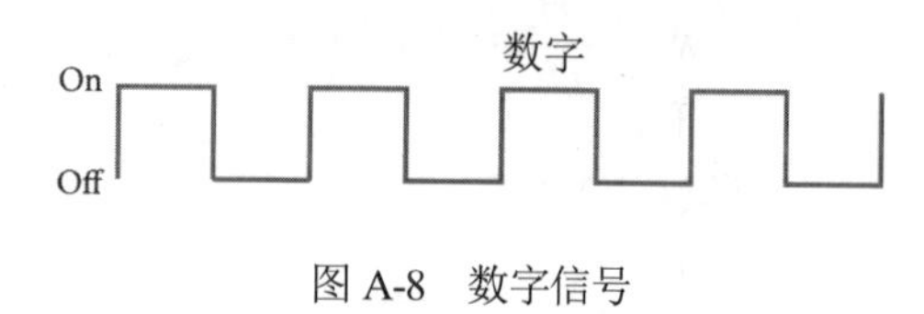

图 A-8 数字信号

使用数字系统的主要优点是与模拟系统相比，数字信号不随时间衰减，很容易复制，且没有任何损失。主要缺点是数字电路消耗的能量比模拟电路多得多，这一般表示需要更多热量，增加了设计回路的复杂性。

本书使用的所有元件都很容易通过 Internet 的商店买到。但有时很难找到需要的东西，尤其是自己的国家内。在自己的国家中找到供应商可能会降低运输费，提供价格更实惠的解决方案。

A.5 供应商

在 Internet 上搜索元件时，可能找到许多供应商(supplier)，它们都提供不同的产品选择。Photon 开发板可从许多供应商处获得，也可通过 Particle(www.particle.io.com)处获得；还可找到许多工具包、防护板和其他有趣的 Photon 产品。

本书使用的大多数元件都可在 Photon Maker Kit 中找到，这个工具包由许多供应商或 Particle 直接提供。这是获得本书所有元件的最简单、最便宜的方式。所有元件也可从其他供应商那里获得，例如 Adafruit Industries、SparkFun 或 SeeedStudio。这些公司都非常专业，能制造自己独特的产品。

SparkFun 基于 US，是一家在线零售商，销售各种用于建立电子项目的元件。除了其产品之外，它们还提供了类别和在线教程，以帮助讲授嵌入式电子学的内容 (www.sparkfun.com)。

Adafruit Industries 由 MIT 工程师 Limor Fried 在 2005 年建立，致力于为学习电子学提供最好的在线空间，并制造市场上设计得最好的产品。Adafruit 设计和开发自己的产品，在网站上销售，还提供了几个教程来帮助用户入门(www. Adafruit.com)。

SeeedStudio 在中国深圳和美国设有生产基地，是所有硬件元件的主要供应商。Seeed 不仅以非常低的价格销售范围广阔的电子元件，还提供各种服务，包括制造业、3D 打印、激光切割等。更多信息请参阅其网站(www. seeedstudio.com)。

后面的部分会按类别列出元件、一些供应源和订单码，以便你购买元件。

A.6 元件

每个项目的表格为所使用的每个元件列出了代码。本节列出了所有元件，提供了一些供应源，如表 A-1～表 A-4 所示。

A.6.1 电阻

电阻是低成本元件——几乎低于一美分，供应商常按每组 50 或 100 来销售。使用较多的普通电阻有 220R、270R、1K 和 10K 电阻，所以手中有一些这样的电阻也是有用的。

以后可能要购买大量电阻，有时最好按包来购买，包中包含日常电子产品中最常用的电阻。

销售电阻包的公司包括：

- SeeedStudio：110990043
- SparkFun：COM-10969

表 A-1 Photon 包和模块

代码	描述	来源
M1	Photon 板	Particle SeeedStudio: 114990286 SparkFun
M2	超音速传感器	SeeedStudio: 101990004
M3	Particle 继电器防护板	Particle
M4	Photon Grove 工具包	SeeedStudio: 110060123

表 A-2 电阻

代码	描述	来源
R1	220Ω 1/4W 电阻	Particle Kit SeeedStudio SparkFun Adafruit
R2	10kΩ 光敏电阻	Particle Kit SeeedStudio SparkFun Adafruit
R3	10kΩ 1/4W 电阻	Particle Kit SeeedStudio SparkFun Adafruit
R4	光电池	Particle Kit SeeedStudio SparkFun Adafruit
R5	4.7kΩ 1/4W 电阻	SeeedStudio SparkFun Adafruit

表 A-3　半导体

代码	描述	来源
S1	5mm LED	Particle Kit SeeedStudio SparkFun Adafruit
S2	温度传感器 DS18B20	SeeedStudio SparkFun Adafruit
S3	10mm RGB LED	SeeedStudio SparkFun Adafruit

表 A-4　硬件和杂项

代码	描述	来源
H1	电路实验板	Particle Kit SeeedStudio: 31903001 SparkFun: PRT-12002 Adafruit: 64
H2	跨接线	Particle Kit SeeedStudio: 110990029 SparkFun Adafruit: 153
H3	数字万用表	SeeedStudio: 405010002 SparkFun: TOL-12966 Adafruit: 308
H4	16×2 字符的 LCD	SeeedStudio: 104990004 SparkFun: LCD-00790 Adafruit: 181

(续表)

代码	描述	来源
H5	5V 伺服电机	Particle Kit SeeedStudio: 108090000 SparkFun: ROB-10333 Adafruit: 155
H6	触觉按钮	Particle Kit SeeedStudio: OPL SparkFun: COM-10302 Adafruit: 1119
H7	9V DC 电源	电子商店
H8	9V 灯	
H9	9V PP3 电池	大多数电子零售商
H10	设备线	大多数电子零售商

A.6.2 半导体

本书的项目使用了许多 LED，所以有时应看看各种 5mm 或 10mm LED 套包，而不是分别购买所有大小和颜色的元件组合。

A.6.3 硬件和杂项

许多元件，尤其是一些杂项，都可在世界各地的大多数制造商/爱好者商店中找到。

附录 B

Particle 代码参考

本附录将带领读者基本了解 Particle 代码中的不同函数、正确语法、返回值，并给出在代码中如何使用函数的说明。

setup

其代码块仅在 Photon 开发板启动时执行一次。

示例：

```
void setup() {
//code is executed here only once
pinMode(D0, OUTPUT);
}
```

loop

其代码块在最初的 setup 函数之后重复执行。

示例：

```
void loop () {
 digitalWrite(led, HIGH);
 delay(1000):
```

```
  digitalWrite(led, LOW);
  delay(1000);
}
```

这段代码每隔 1 分钟打开/关闭 LED。

analogRead

该函数获取 Photon 开发板上某个模拟引脚的值。其范围是 0~4095，其中 4095 表示 3V3。有关模拟输入的更多信息参阅第 5 章。

语法：

```
analogRead(pin);
```

参数：

pin：Photon 开发板的引脚号 A0~A5。

返回值：0~4095 之间的整数。

示例：

```
int temperature = analogRead(pin);
```

这行代码从模拟引脚中获取值，存储在整型变量 temperature 中。

analogWrite

该函数设置模拟引脚的工作循环，即 PWM(Pulse-Width Modulation，脉冲宽度调制)。注意我们使用的是数字系统，所以智能使用 PWM 仿制模拟信号。该函数设置 0~255 之间的引脚值，其中，0 是 GND，255 是 3V3。

语法：

```
analogWrite (pin,value);
```

参数：
pin：Photon 开发板的引脚号 A0~A5。
value：0~4095 之间的整数。
返回值：无

示例：

```
analogWrite(A7, 127);
```

这行代码向模拟引脚 1 发送脉冲，使之关闭 50%。如果使用 LED，则灯的亮度是原来的一半。

digitalRead

该函数读取数字输入的值，返回 HIGH 或 LOW，表示引脚是 ON 或 OFF。

语法：

```
digitalRead(pin);
```

返回值：HIGH 或 LOW。

参数：
pin：数字引脚号。

示例：

```
if (digitalRead(D0) == HIGH) {
    Serial.println("Pin 0 is HIGH")
}
```

当数字引脚 0 连接到 3V3 上时，这行代码输出 Pin 0 is HIGH。

digitalWrite

该函数把数字引脚设置为 HIGH 或 LOW，其中 LOW 是 GND，HIGH 是 3V3。

语法：

```
digitalWrite(pin,value);
```

参数：

pin：数字引脚号。

value：HIGH 或 LOW。

返回值：无

示例：

```
digitalWrite(D0, HIGH);
```

这行代码打开数字引脚 0，输出 3V3。

if

这个非常有用的函数在条件为 true 时执行某个代码块。

语法：

```
if(condition) {
    //executable code goes here
}
```

示例：

```
int = 1;
if (n < 1) {
   digitalWrite(Ledred, HIGH);
}
if (n > 1) {
   digitalWrite(Ledgreen, HIGH);
```

```
}
if (n == 1) {
   digitalWrite(Ledyellow, HIGH);
}
```

else

它与 if 语句一起使用。if 语句返回 false 条件或不满足 if 条件时，将执行 else 语句中的代码块。

语法：

```
if (condition) {
//execute if condition is true
}
else {
//execute if condition is false
}
```

示例：

```
int switchstate = digitalRead(D0)
   if (switchstate == HIGH) {
      digitalWrite(ledpin, HIGH)
   }
   else {
      digitalWrite(ledpin, LOW)
   }
```

该示例要检查是否按下了开关。如果已按下开关，且等于 HIGH，就打开 LED。如果开关等于 LOW，就关闭 LED。

int

整数是一个数据类型，它会创建一个内存空间，来存储一个值。

示例：

```
int led = D0;
```

这行代码把引脚号存储在内存空间 led 中。希望引用引脚号时，不需要每次输入引脚号，把引脚号放在 led 中会更容易(假设将 LED 连接到该引脚上)。

pinMode

该函数把引脚的方向设置为输出或输入。它总是包含在 setup()中。

语法：

```
pinMode (pin,mode);
```

参数：

pin：引脚号。

mode：INPUT 或 OUTPUT(区分大小写)。

示例：

```
pinMode(D0, OUTPUT);
```

这行代码把数字引脚 0 设置为输出，它可使用函数 digitalWrite 来控制。

servo.attach

该函数把舵机对象赋予 Photon 开发板上的特定引脚。

语法：

```
myServo.attach (pin);
```

参数：

pin：引脚号。

myServo：任意舵机对象。

示例：

```
Servo myServo;
void setup () {
   myservo.attach(D0);
}
```

Servo.write

该函数设置伺服电机的准确位置。

语法：

```
myServo.write (angle);
```

参数：

angle：设置伺服电机的角度，通常是 0~180 或-180~180。

myServo：任意连接的舵机对象。

示例：

```
Servo myServo;
void setup() {
   myServo.attach(100);
}
```